教育部高等学校计算机类专业教学指导委员会–华为ICT产学合作项目

物联网实践系列教材

华为信息与网络技术学院指定教材

无线通信技术

Wireless Communication Technology

俞菲 王雷◉编著

U0300168

人民邮电出版社

北 京

图书在版编目（C I P）数据

无线通信技术 / 俞菲，王雷编著. -- 北京 : 人民
邮电出版社，2020.9
物联网实践系列教材
ISBN 978-7-115-54129-1

Ⅰ. ①无… Ⅱ. ①俞… ②王… Ⅲ. ①无线电通信－
教材 Ⅳ. ①TN92

中国版本图书馆CIP数据核字(2020)第091221号

内 容 提 要

本书介绍了第五代移动通信系统中物理层及网络层的新技术，以及在物联网产业中无线通信技术的应用。本书共 10 章，包括无线通信基础、移动通信系统的发展与应用、信道编码技术、调制与接入技术、毫米波通信系统、中继技术与异构网络、大规模天线技术、5G 网络新技术与新架构、5G 网络中的安全问题和无线通信技术与物联网。

本书适合作为高校物联网、计算机及相关专业的教材，也适合从事物联网、无线通信技术相关工作的人员自学参考使用。

◆ 编　著　俞　菲　王　雷
　　责任编辑　郭　雯
　　责任印制　王　郁　马振武

◆ 人民邮电出版社出版发行　　北京市丰台区成寿寺路 11 号
　　邮编　100164　电子邮件　315@ptpress.com.cn
　　网址　https://www.ptpress.com.cn
　　固安县铭成印刷有限公司印刷

◆ 开本：787×1092　1/16
　　印张：11.75　　　　　　　2020 年 9 月第 1 版
　　字数：255 千字　　　　　 2025 年 1 月河北第 6 次印刷

定价：39.80 元

读者服务热线：(010)81055256　印装质量热线：(010)81055316
反盗版热线：(010)81055315
广告经营许可证：京东市监广登字 20170147 号

教育部高等学校计算机类专业教学指导委员会-华为 ICT 产学合作项目
物联网实践系列教材

专家委员会

5G 网络的建设与商用、NB-IoT 等低功耗广域网的广泛应用推动了以物联网为核心的新技术迅猛发展。当前物联网在国际范围内得到认可，我国也出台了国家层面的发展规划，物联网已经成为新一代信息技术重要组成部分，物联网发展的大趋势已经十分明显。2018 年 12 月 19 日至 21 日，中央经济工作会议在北京举行，会议重新定义了基础设施建设，把 5G、人工智能、工业互联网、物联网定义为"新型基础设施建设"。物联网正在推动人类社会从"信息化"向"智能化"转变，促进信息科技与产业发生巨大变化。物联网已成为全球新一轮科技革命与产业变革的重要驱动力，物联网技术正在推动万物互联时代的开启。

我国在物联网领域的进展很快，完全有可能在物联网的某些领域引领潮流，从跟跑者变成领跑者。但物联网等新技术快速发展使得人才出现巨大缺口，高校需要深化机制体制改革，推进人才培养模式创新，进一步深化产教融合、校企合作、协同育人，促进人才培养与产业需求紧密衔接，有效支撑我国产业结构深度调整、新旧动能接续转换。

从 2009 年开始到现在，国内对物联网的关注和推广程度都比国外要高。我很高兴看到由高校教学一线的教育工作者与华为技术有限公司技术专家联合成立的编委会，能共同编写"物联网实践系列教材"，这样可以将物联网的基础理论与华为技术有限公司相关系列产品深度融合，帮助读者构建完善的物联网理论知识和工程技术体系，搭建基础理论到工程实践的知识桥梁。华为自主原创的物联网相关核心技术不仅在业界中得到了广泛应用，而且在这套教材中得到了充分体现。

我们希望培养具备扎实理论基础，从事工程实践的优秀应用型人才，这套教材就很好地做到了这一点：涵盖基础应用、综合应用、行业应用三大方向，覆盖云、管、边、端。系列教材体系完整、内容全面，符合物联网技术发展的趋势，代表物联网领域的产业实践，非常值得在高校中进行推广。希望读者在学习后，能够构建起完备的物联网知识体系，掌握相关的实用工程技能，未来成为优秀的应用型人才。

中国工程院院士　倪光南

2020 年 4 月

随着 5G、人工智能、云计算和区块链等新技术的应用发展，数字化技术正在重塑这个世界，推动着人类走向智能社会。这些新技术与物联网技术交织、碰撞和融合，物联网技术将进入万物互联的新阶段。

目前，我国物联网正加速进入新阶段，实现跨界融合、集成创新和规模化发展。人才是产业发展的基石。在工业和信息化部编制的《信息通信行业发展规划物联网分册（2016—2020 年）》中更是强调了需要"加强物联网学科建设，培养物联网复合型专业人才"。物联网人才培养的重要性，可见一斑。

华为始终聚焦使用 ICT 技术推动各行各业的数字化，把数字世界带入每个人、每个家庭、每个组织，构建万物互联的智能世界。华为云 IoT 服务秉承"联万物，+智能，为行业"的理念，发展涵盖芯、端、边、管、云的 IoT 全栈云服务，携手行业伙伴打造 AIoT 行业解决方案，培育万物互联的黑土地，全面加速企业数字化转型，助力物联网产业全面升级。

随着产业数字化转型不断推进，国家数字化人才建设战略不断深入，社会对 ICT 人才的知识体系和综合技能提出了更高挑战。健康可持续的 ICT 人才链，是产业链发展的基础。华为始终坚持构建良性人才生态，激发产业持续活力。2020 年，华为正式发布了"华为 ICT 学院 2.0"计划，旨在联合海内外各地的高校，在未来 5 年内培养 200 万 ICT 人才，持续为 ICT 产业输送新鲜血液，促进 ICT 产业的欣欣向荣。

教材建设是高校人才培养改革的重要举措，这套教材是学术界与产业界理论实践结合的产物，是华为深入高校物联网人才培养的重要实践。在此，请让我向本套教材的各位作者表示由衷的感谢，没有你们一年的辛勤和汗水，就没有这套教材的输出！

同学们、朋友们，翻过这篇序言，你们将开启物联网的学习探索之旅。愿你们能够在物联网的知识海洋里，尽情遨游，展现自我！

华为公司副总裁　云 BU 总裁　郑叶来

2020 年 4 月

移动物联网将无线通信技术与物联网应用相结合，提升了现有物联网应用的灵活性和多样性。随着物联网产业的发展和应用的多样化，移动物联网必然会使人们的生活方式发生巨大变化。无线通信技术也将为物联网提供灵活多样的网络接入方式。

本书详细介绍了无线通信技术，着重介绍了 5G 系统相关技术，包含 5G 系统的物理层及网络层新技术，以及其与物联网产业的结合应用等内容。

本书共 10 章，参考学时为 48～64 学时，各章的教学安排建议如下。

学时分配表

章	内容	学时
第 1 章	无线通信基础	2
第 2 章	移动通信系统的发展与应用	4
第 3 章	信道编码技术	6～8
第 4 章	调制与接入技术	6～8
第 5 章	毫米波通信系统	6～8
第 6 章	中继技术与异构网络	4～6
第 7 章	大规模天线技术	4～6
第 8 章	5G 网络新技术与新架构	6～8
第 9 章	5G 网络中的安全问题	4～6
第 10 章	无线通信技术与物联网	4～6
	考核	2
	总计	48～64

本书由东南大学信息科学与工程学院俞菲和华为技术有限公司王雷合作编著，由唐妍、冷佳发、林崇然审核。由于编者水平有限，书中存在疏漏和不足之处在所难免，殷切希望广大读者批评指正。读者可登录人邮教育社区（http://www.ryjiaoyu.com/）下载获取本书的配套资源。

编　者
2020 年 5 月

目 录 CONTENTS

第 1 章
无线通信基础

01

　　无线通信是利用电磁波信号在自由空间中的传播特性，使多个节点间不经由导体或缆线进行信息交换的一种通信方式。人们平时收听广播、拨打手机、使用蓝牙耳机，都使用了无线通信技术。这些设备摒弃了传统的有线连接方式，采用电磁波作为载体传输信号。

　　从人类第一次通过无线电报实现远距离无线通信至今，无线通信技术得到了迅猛的发展和日益广泛的应用。无线通信的发展可以追溯到 1865 年麦克斯韦（J. C. Maxwell）所建立的麦克斯韦方程。麦克斯韦方程预言了电磁波的存在，严格地描述了电磁场应该遵循的规律，为电磁波的空间传输奠定了理论基础。1887 年，随着赫兹（H. R. Hertz）首次证明了在数米远的两点之间可以发射和检测电磁波，用电磁波传输信息开始引起学术界的广泛关注。1895 年，马可尼（G. M. Marconi）成功地进行了约 3km 的无线通信，实现了人类历史上第一次远距离无线通信。近 20 多年来，无线通信已逐渐融入人们生活的方方面面，极大地推动了社会经济的发展，成为影响人类生活和社会进步的重要产业。

　　本章主要介绍无线通信系统的基本知识，包括无线通信系统的基本构成，无线通信系统的分类，以及无线信道的特点和建模方法。

学习目标

① 了解无线通信系统的概念，掌握无线通信系统的基本构成。

② 了解无线通信系统的分类，掌握几种主要的近距离无线通信系统及其特点。

③ 了解无线信道的特点，掌握无线信道的建模方法。

1.1　无线通信系统

　　无线通信技术为人与人的沟通、人与物的交流提供了一张无形的网络，而这样一张无形的网络也逐渐成为一种流行趋势。20 世纪 70 年代，电视开始走进千家万户；20 世纪 80 年代，家家户户开始安装有线电话；20 世纪 90 年代，互联网开始风靡世界。这些都要通过敷设特定的有线网络来进行信息的传递。而今天,看电视、打电话、上网都可以通过接入无线网络来完成,摆脱了有线的束缚。无线接入为人们提供了更加灵活与便捷的通信方式。

20 世纪 80 年代,随着集成电路技术的发展,蜂窝通信逐渐走入人们的生活。技术的进步与市场的需求是无线通信飞速发展的核心推动力。从第一代模拟蜂窝移动通信系统(1G),第二代数字蜂窝移动通信系统(2G),第三代宽带多媒体移动通信系统(3G),再到第四代移动通信系统(4G),移动通信系统应用向着更深更广的方向发展。如今,第五代移动通信系统(5G)时代已悄悄来临,可以预见未来更快、更智能、更个性化的通信服务。

图 1-1 所示为通信系统框图。通信系统包含 3 个重要的组成部分,即信源、信道和信宿。信源就是信号的发射端,信宿就是信号的接收端,信道就是从发射端到接收端的传输路径。信息由发射端发射,经由信道到达接收端;接收端接收相应的信息,即完成了一次通信过程。在实际的通信系统中,从发射端传输到接收端的信号都是电信号,然而,在实际中有时想传递一幅图像、一段文字或一个视频,就需要把非电信号转变成电信号,这就是转换器的功能。电信号从发射端到接收端需要通过信道传输,这里的信道并不是单一的,可以通过有线信道传输,也可以通过无线信道传输。

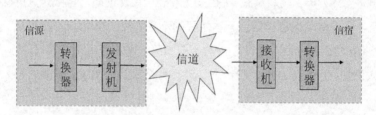

图 1-1　通信系统框图

根据传输介质的不同,可以将通信系统分为无线和有线两种。有线通信系统利用导线传输信息,需要敷设专门的传输线路,如架空明线、通信电缆、光缆等人们生活中所使用的有线座机、有线电视都属于有线通信方式。

无线通信系统利用空间电磁波作为传输介质,在空中传递信号。在无线通信系统中,发射设备和接收设备都需要安装天线。原始信息都是频率较低的信号,例如,音频信号的频率为 300~3400Hz,不利于天线的直接传输,因此低频的信号在发射之前需要加载到高频的载波信号上,这样的过程称为调制。在接收端,接收到的信号需要经过相逆的解调运算,才能恢复出原始的信息。

相比于专用的电缆线,采用无线方式进行信息的传输,信号到达接收端时将出现更为严重的能量衰减、相位旋转及多径延时等问题,所以,如何正确有效地传输信号是无线通信系统中要解决的关键问题。采用信号处理技术可以提升无线信号传输的可靠性,图 1-2 所示为发射机内部结构简易框图,其完成一系列信号处理过程,如信道编码、调制和滤波等。这些处理过程可以使传输的信号对信道的干扰更加稳健。在到达接收端时,接收到的信号通过滤波、解调和解码等逆操作即可恢复出原信号,图 1-3 所示为接收机内部结构简易框图。

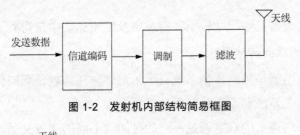

图 1-2　发射机内部结构简易框图

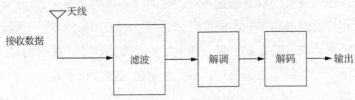

图 1-3　接收机内部结构简易框图

1.1.1　无线通信系统的分类

无线通信系统可以分为很多不同的类型，例如，根据其传输信号的形式不同，可以分为模拟通信系统与数字通信系统；根据电磁波的波长不同，可以分为长波通信系统、中波通信系统、短波通信系统和微波通信系统等；根据通信的方向性，可以分为单向传输系统和双向传输系统。

1. 模拟通信系统与数字通信系统

模拟通信利用模拟信号作为载波，并利用载波参数的改变达到通信的目的。在实际系统中，通常使用正弦波或周期性脉冲序列作为载波，可以利用原信号改变正弦波的幅度、频率或相位；也可以利用原信号改变脉冲的幅度、宽度或位置。

数字通信是指用数字信号作为载体来传输消息，或用数字信号对载波进行数字调制后再传输信息的通信方式。数字通信与模拟通信相比具有明显的优点，如其抗干扰能力强，通信质量受噪声的影响较小，能适应各种通信业务的要求，便于采用大规模集成电路，便于实现保密通信和计算机管理。

2. 长波通信系统、中波通信系统、短波通信系统和微波通信系统

长波通信是指利用波长长于 1km，即频率低于 300kHz 的电磁波进行信息传输的无线电通信。长波通信又可以细分为长波、甚长波、超长波和极长波波段的通信。因为频率较低，所以长波在无线空间中的传播损耗较小，可以传播较远的距离。但由于其波长较长，发射机天线尺寸较大，系统较为庞大。长波通信广泛用于海上通信。

中波通信是指利用波长为 0.1～1km，频率为 300～3000kHz 的电磁波进行信息传输的无线电通信。中波波段是无线电通信发展初期使用最多的波段之一，主要用于电台广播、近程无线电导航及军事地下通信等。

短波通信是指利用波长为 100～10m，频率为 3～30MHz 的电磁波进行信息传输的无线电通信。

微波通信是指使用波长为 0.1mm～1m，频率为 300MHz～3THz 的电磁波进行信息传输的无线电通信。微波通信又包括分米波、厘米波、毫米波和亚毫米波通信，其可以提供较宽的通信频段。微波通信发射设备天线尺寸较小，在军事及民用通信中都得到了广泛的应用。

3. 单向传输系统和双向传输系统

人们收听广播依托的就是单向传输系统，手机通信依托的就是双向传输系统。双向传输系统包括单工系统、半双工系统和双工系统 3 种类型。

（1）单工系统：系统通信的双方通过不同的时间或不同的频段交替地进行消息的发射和接收，根据发射信号和接收信号频率的不同可以分为同频单工和异频单工。同频单工是指通信双方使用相同的频率在不同的时间发射信号，即发射的时候不接收，接收的时候不发射。异频单工是指通信双方使用不同的频率发射信号，但是发射机与接收机不能同时工作，因此其收发的过程也不能同时进行。

（2）半双工系统：发射和接收可以使用相同的无线信道，但是同一时间内用户只能发射或者接收信号。这样的切换可以由用户自己来控制，如"按下通话""放开收听"等。

（3）双工系统：通信双方可以同时进行信号的发射和接收。为了避免发射信号与接收信号相互"打架"，发射和接收的信号需要通过两条相互独立的信道进行传输。双工系统分为频分双工（Frequency Division Duplexing，FDD）系统和时分双工（Time Division Duplexing，TDD）系统。

在频分双工系统下，每个用户具有两个不同频段的通信信道，可以在接收信号的同时发射信号。在时分双工系统下，信号的发射和接收在同一频段内完成，用户可以将该信道的一部分时间用于发射信号，另一部分时间用于接收信号。

1.1.2 无线通信技术

根据通信服务范围的远近，可以将无线通信技术分为近距离无线通信技术与远距离无线通信技术。近距离无线通信技术是指通信双方在较近的距离范围内利用无线电波传输数据，其应用范围非常广泛。与近距离无线通信技术相对的是远距离无线通信技术。常用的远距离无线通信系统包括移动通信系统、卫星通信系统等。

根据无线通信系统空中接口可以承载的业务带宽的大小，无线通信技术可分为宽带无线通信技术和窄带无线通信技术。

1. 近距离无线通信技术

随着移动物联网技术的发展，很多近距离无线通信技术，如 ZigBee、蓝牙、射频识别（Radio Frequency IDentification，RFID）等技术都得到了进一步的发展。

（1）ZigBee 技术

ZigBee 是一种低速率、近距离、低功耗的无线传输协议，其底层采用了 IEEE 802.15.4 标准规范的介质访问控制层与物理层。ZigBee 技术具有低功耗、低成本的特点，特别适用于传输距离短、数据传输速率低的电子设备之间的数据通信。ZigBee 技术使用起来比较安全，支持多种网络拓扑结构，可以通过多个 ZigBee 节点的部署建立多跳网络。

ZigBee 技术可以提供较大的网络容量，每个 ZigBee 设备可以与多个 ZigBee 设备相连接，组成具有多个节点的 ZigBee 网络，覆盖百米以内的通信范围，广泛应用于智能家居、工业与环境监控、医疗看护等。

作为一种近距离无线通信技术，ZigBee 具有以下特点。

① 功耗低。ZigBee 的传输速率低，发射功率仅需 1mW，因此功率消耗较低。ZigBee 设备被设计了休眠模式，设备非常省电，据估算，ZigBee 设备仅靠两节 5 号电池就可以维持长达 6 个月～2 年的使用时间，这是其他无线设备无法达到的。

② 成本低。ZigBee 设备的成本很低，并且不需要收取专利费。低成本是 ZigBee 技术的推广与应用的有利因素之一。

③ 延时短。ZigBee 技术无论是通信延时还是从休眠状态转换到激活状态的延时都非常短，因此适用于对延时要求苛刻的无线控制应用，如智能工厂等。

④ 网络容量大。一个星形结构的 ZigBee 网络可以实现多个设备之间的相互通信，而且一个区域内可以同时存在多个 ZigBee 网络，组网灵活。

⑤ 可靠性高。ZigBee 技术采取碰撞避免策略，为需要固定带宽的通信业务预留专用时隙，可以有效避免发射数据过程中的竞争和冲突；在介质访问控制层采用完全确认的数据传输模式，每个发射的数据包都必须等待接收方的确认信息，如果传输过程中出现问题，则可以进行重传。

⑥ 安全性有保障。ZigBee 提供了基于循环冗余校验的数据包完整性检查功能，支持鉴权和认证，采用加密算法，不同的应用可以灵活地确定其安全属性。

（2）蓝牙技术

蓝牙技术也是一种近距离、低功率的无线通信技术，可采用较低的成本完成设备间的无线通信。蓝牙系统包含天线单元、链路控制单元、链路管理单元和软件单元 4 个部分。

蓝牙技术可以替代数字设备和计算机外设间的电缆连线，以实现数字设备间的无线组网，在没有电缆连接的情况下，实现不同生产厂家设备间的近距离通信。蓝牙技术具有低功率、低成本的特点，其工作频率为全球通用的 2.4GHz，可以传输音频和数据，具有很好的抗干扰能力。

1998 年，爱立信、诺基亚、东芝、IBM 和英特尔成立了蓝牙特殊权利小组，负责制定蓝牙规范。随后，蓝牙技术得到了大力的推广和迅猛的发展。蓝牙产品体积小、功耗低，可以方便地集成到几乎任何数字设备中，包括手机、打印机、数码相机和掌上电脑等，其应用领域非常广泛。随着物联网技术的发展及应用，蓝牙技术也将引来其应用的第二波热潮。

蓝牙技术具有以下特点。

① 适用设备多。蓝牙技术最大的优点是摒弃了网线的束缚，增加了设备的灵活性，通过把蓝牙技术引入电子设备，可以使通信的过程更加方便快捷。例如，打印机、耳机、键盘都可以通过蓝牙技术与计算机或手机通信。

② 工作频率全球通用。蓝牙技术工作频率为 2.4GHz，不需要接入许可，可以在全世界范围内自由使用。

③ 接入方便。蓝牙技术规范中采用了类似于"即插即用"的概念，使接入过程便利化。用户不需要额外学习设备的安装和设置，只要安装蓝牙模块的两个设备互相搜寻到，就可以建立

连接。

④ 抗干扰能力强。蓝牙技术具有跳频的功能，可以有效避免干扰。蓝牙技术的兼容性较好，目前已经发展成为能够独立于操作系统的一项技术，实现了各种操作系统良好的兼容性能。

（3）射频识别技术

射频识别技术是一种无须直接接触的自动识别技术，广泛应用在早期的物联网系统中。RFID 技术采用无线射频技术，完成物体对象的自动识别，作为构建物联网的关键技术，其自提出后就一直受到人们的关注。RFID 技术最早起源于英国，在第二次世界大战中用于辨别敌我飞机身份，20 世纪 60 年代开始商用。RFID 技术使用专用的 RFID 读写器及专门的可附着于目标物的 RFID 标签，利用无线信号将信息由 RFID 标签传送至 RFID 读写器，进而自动辨识与追踪物品。

RFID 标签根据其是否需要配备电池分为有源标签和无源标签。有源标签本身拥有电源，可以主动发出无线电波。无源标签本身并不拥有电源，但可以通过进入读写器所生成的磁场来获得能量。RFID 标签包含了电子存储的信息，数米范围之内都可以被识别。与条形码不同的是，RFID 标签不要求位于识别器视线范围之内，甚至可以嵌入被追踪物体之内。

RFID 技术具有以下特点。

① 应用方便。RFID 技术依靠电磁波，并不需要双方物理接触。它能够无视各种障碍物建立连接，即使在恶劣的环境中也能完成通信。

② 识别速度快。RFID 系统的读写速度极快，一次典型的 RFID 传输过程通常不到 100ms。高端的 RFID 阅读器甚至可以同时识别、读取多个标签的内容，极大地提高了信息传输效率。

③ 识别准确度高。每个 RFID 标签都是独一无二的，通过 RFID 标签与产品的一一对应关系，可以清楚地跟踪每一件产品。

④ 设备成本低。RFID 标签结构简单，识别速率高，读取设备简单，成本低廉，尤其是随着近场通信技术在智能手机上的普及，每个用户的手机都有可能成为最简单的 RFID 阅读器。

随着 RFID 技术的发展，标签成本的降低，RFID 技术将被应用在更多的领域。目前，RFID 技术已被广泛应用于以下领域。

① 物流。物流仓储是 RFID 技术最有潜力的应用领域之一，其可以实现物流过程中的货物追踪、信息自动采集、仓储管理等。众多国际物流巨头都在积极试验应用 RFID 技术，以期在将来大规模应用，提升物流效率。

② 交通。RFID 技术可以用于交通管理，如出租车管理、公交车枢纽管理、铁路机车识别等系统。

③ 身份识别。RFID 技术具有快速读取与难伪造的特性，所以被广泛应用于个人身份证件识别，如电子护照、我国的第二代身份证、学生证及其他各种电子证件都采用了 RFID 技术。

④ 防伪。RFID 技术具有很难伪造的特性，可以用于贵重物品和票证的防伪。

⑤ 资产管理。RFID 技术可应用于各类资产的管理，包括贵重物品、数量大且相似性高的物品或危险品等。随着标签价格的降低，RFID 几乎可以管理所有物品。

2. 宽带无线通信技术

宽带无线通信是指从用户终端到业务交换点之间的通信链路采用无线宽带接入技术，它实际上是核心网络的无线延伸。

采用宽带接入技术的无线通信系统具有以下特点。

（1）工作频段宽。宽带无线通信技术应用在较大的带宽环境下，因此可以灵活地运用频谱的划分提升系统性能。

（2）基础建设成本低。宽带无线通信不需要进行大量的基础设施建设，初期投入少。随着运营规模的增加，其成本才会慢慢增加。

（3）提供服务速度快。无线系统安装调试容易，系统建设周期可以大大缩短，可迅速为用户提供服务。

（4）系统容量大。第四代移动通信系统的物理层采用正交频分复用等高效多址接入技术，使系统无线频谱的利用率较传统采用码分多址的无线通信系统有显著的提高。

（5）链路自适应灵活。宽带无线通信系统可以支持多种调制类型，并且系统能够根据链路状态动态地调整上、下行链路中的调制类型，实现链路传输速率的灵活配置，最大限度地提升系统的频谱利用率。

（6）带宽分配动态。宽带无线通信系统能支持同一扇区内不同终端之间和同一终端不同接口之间的动态带宽分配，可以有效提高系统的频谱利用率。

3. 窄带无线通信技术

窄带无线通信技术在近几年也得到了迅猛发展，其最典型的应用之一就是窄带物联网（Narrow Band Internet of Things，NB-IoT）。

NB-IoT 是物联网领域的新兴技术，其基于蜂窝网络，可直接部署于现有的蜂窝网络中，支持低功耗设备在广域网中的数据连接。NB-IoT 支持待机时间长、对网络连接要求较高的设备的高效连接，可以实现较长的设备电池使用寿命和较广的蜂窝数据连接覆盖。

NB-IoT 具有以下几个特点。

（1）广覆盖。在同样的频段下，NB-IoT 系统可以有效提升覆盖区域的范围。

（2）多连接。NB-IoT 能够支持更多连接数，并支持低延时、低功耗设备的通信，设备成本低，网络架构优。

（3）低功耗。NB-IoT 终端模块耗电量低，待机时间可长达 10 年。

（4）低成本。单个 NB-IoT 模块的造价成本低廉，极易推广应用。

目前，物与物的连接大多通过蓝牙、无线局域网等近距离通信技术承载，为了满足不同物联网业务的需求，根据物联网业务特征和移动通信网络的特点，移动通信网络也针对窄带物联网业务场景开展了相关的研究，以适应蓬勃发展的物联网业务需求。随着智能城市的发展及大数据时代的来临，无线通信技术将实现万物互联，未来，全球物联网连接数将进入千亿级的时代。

1.2 无线信道

在无线信道中，信号的传输会受到地域、强度及频率等多个因素的影响。随着时间的推移，信道的参数也会出现波动。

根据信道变化的快慢，可以将信道分为快时变信道和慢时变信道。在快时变信道中，信道冲激响应相对于发射信号的一个符号周期而言变化很快，可以认为每一个符号周期信道的参数都是不同的。在慢时变信道中，信道冲激响应相对于发射信号的一个符号周期而言变化很慢，某一段时间内信道参数的改变可以忽略不计。

根据信道随着距离远近变化的特点，可以将信道的衰落分为大尺度衰落（Large-Scale Fading）和小尺度衰落（Small-Scale Fading）。大尺度衰落，是指由发射端到接收端距离远近所引起的信号路径损耗，其也可以由建筑物、山脉等大型障碍物的阴影造成。小尺度衰落，是指由发射端与接收端之间多条传输路径所产生的信号叠加造成的衰落。

1.2.1 信道的衰落

信号在无线信道中传输时，随着传输距离的增加，其传输电磁波功率会逐渐减小。根据电磁场理论知道，随着距离 r 增大，电场按照 r^{-1} 的规律减小，所以自由空间每平方米的电磁波功率按 r^{-2} 的规律减小，这就是自由空间损耗。

在实际的通信过程中，在基站（或终端）发射功率受限的情况下，基站与终端之间能够可靠通信的最大距离称为小区的覆盖范围。为了实现可靠的通信，最小接收功率必须大于给定的门限值，因此功率随着距离的快速衰减就限制了每个小区可以服务的最大范围。从另一个角度来看，信号随距离快速衰减也是有益的，距离很远的小区之间的干扰可以忽略不计。在实际的蜂窝通信系统中，为了减轻小区间的干扰，相邻的小区会采用不同的频率，距离足够远的小区之间才可以重复利用相同的频率。

1. 传输衰减

无线信道对信号的衰减主要由传输路径的长度及传输路径中的障碍情况决定，任何阻挡在发射机和接收机之间的障碍都会引起信号功率的衰减。无线信道的传输衰减主要体现在以下 3 个方面。

（1）路径损耗

路径损耗主要是指发射信号在空间传播时由自由空间损耗、地表反射及水气吸收等引起的能量损耗，它反映了较大尺度区间（数百米或数千米）内接收信号强度随电波传播距离的变化而变化的趋势。路径损耗一般可以表示为 $|d|^{-n}$，其中，d 是指通信的距离，n 为路径损失指数，其取值由具体的传播环境决定，自由空间的电波传播取值为 2，在城区环境下取值为 2.7～3.5，

在城区阴影区环境下取值为 3～5。

（2）多径衰落

当发射端发射的信号经过反射物，如地面的反射，到达接收端时，如图 1-4 所示，接收端接收的信号除了第一条传输路径之外，还会有第二条传输路径。此时，接收端接收的等效信号将是这两路电磁波的叠加。这样的叠加有可能会产生电波的相长，使接收信号的强度增加；也有可能会产生电波的相消，使接收信号的强度减弱，这种现象称为多径衰落。在无线信道中，两条传输路径之间传播的时间差称为延时，用 T_d 来表示。当信号的码元宽度小于信道的延时扩展时就会产生多径干扰。

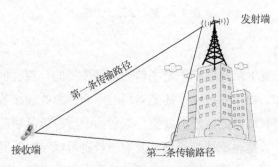

图 1-4　地面反射示意图

多径衰落反映了小尺度区间内接收信号场强瞬时值的变化特性。如果发射端和接收端之间不存在可视路径且散射体足够多，各条路径信号的幅值和到达接收天线的方位角都是随机且统计独立的，则由多径效应引起的接收信号幅度服从瑞利分布；而当发射端和接收端之间存在可视路径时，可视路径对应的信号强度比其他路径接收信号的强度大得多，所以接收信号幅度将服从莱斯分布。

（3）阴影衰落

在自由空间中，每平方米的电磁波功率按 r^{-2} 的规律减小，而在实际中，发射端与接收端之间会存在一些障碍物，这些障碍物在散射能量的同时会吸收一部分功率，因此，功率的衰减要远远快于 r^{-2}。

在无线信道中，电波传播路径上会有高大的障碍物，如起伏的山丘、较高的建筑物、树林等，电波受到阻挡会形成阴影区，这种现象就称为阴影衰落，如图 1-5 所示。阴影衰落是由缓慢的宏观变化造成的，相对于信号的码元宽度而言，变化缓慢，因此属于慢时变。其衰落的程度与电磁波频率无关，但终端的移动速度可能会改变阴影衰落的大小。阴影衰落的大小取决于障碍物的状态及信号工作频率，从统计上来说，阴影衰落服从对数正态分布。

2. 选择性衰落

根据信道随着时间和频率变化的差异，可以将信道衰落分为频率选择性衰落和时间选择性衰落。

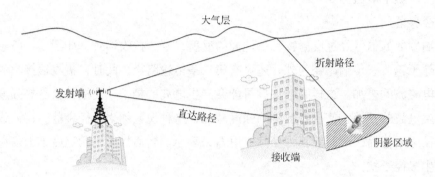

图 1-5　阴影衰落示意图

（1）频率选择性衰落

在无线传播环境中，发射信号通常不是由单一路径传播的，接收信号往往是发射信号经过不同的路径传播后的叠加，由于各条路径的相对延时不同，接收端接收到的信号为一串脉冲，与发射信号脉冲相比，接收信号的波形被展宽。这种由于信道延时引起的信号波形的展宽称为延时扩展（Delay Spread）。延时扩展使信道对发射信号进行滤波时不同频率分量的衰落幅度不相同，这一衰落特性称为频率选择性衰落。在延时扩展大于码元宽度的传输路径上，电磁波将受到较为严重的衰减，接收端接收到的电磁波能量微乎其微，此时就可以忽略该路径的影响。频率选择性衰落可以用信道的相干带宽 B 来描述。相干带宽表示信道在两个频移处的频率响应保持强相关情况下的最大频率差，通常定义为最大延时 T_d 的倒数，B 越小，信道的频率选择性越强，反之就越弱。

根据相干带宽和信号码元带宽大小的比较，又可以把无线信道分为平坦衰落信道和频率选择性衰落信道。如果无线信道在比发射信号带宽大得多的带宽范围内具有恒定的幅度增益和线性相位响应，则称其为平坦衰落信道，也称平衰落信道。在平衰落信道环境下，信道延时所产生的延时扩展小于信号的码元宽度，接收信号具有与发射信号相同的频谱特性。在频率选择性衰落信道环境下，信道的多径结构会引起信道增益随频率起伏变化，从而使接收信号的频谱特性发生改变。从时域上看，频率选择性衰落信道的冲激响应具有多条路径的延时扩展，其值大于发射信号的码元宽度；从频域上看，接收信号的某些频率分量的增益大于其他分量的增益，致使接收信号频谱结构发生畸变。

（2）时间选择性衰落

除了传输衰减会对信道特性产生影响外，发射端与接收端的移动性也会影响信道的特性。假设发射端与接收端之间没有障碍物的遮挡，若接收端朝着与发射端距离增大或减小的方向移动，则接收信号的频率会发生变化，这种现象称为多普勒频移。从直观上看，当接收端以速度 v 朝着与发射端距离增大的方向运动时，接收端远离了发射端，因此发射的信号需要消耗更多的传输时间才能到达接收端，并且这样的传输时间会越来越长，因此等效的信号频率就发生了偏移。

时间选择性衰落就是一种由多普勒频移引起的衰落过程，可以用信道的相干时间 T 来表征。

1.2.2 信道输入/输出模型

上一节讨论了平衰落信道和频率选择性衰落信道的特点。本节针对这两种不同的衰落信道具体给出其信道的模型描述，这也是在无线通信系统中经常遇到的问题。依托信道输入/输出模型，可以将发射信号与接收信号之间的转移关系建模为一个数学问题进行讨论。

1. 平衰落信道

考虑图 1-6 所示的通信过程，基站与手机终端进行通信，如果基站架设得很高，手机与基站之间没有障碍物遮挡，则可以只考虑基站与手机终端通过可视路径进行通信的过程。两个通信单元之间不经过散射、折射、反射等路径，仅由可视路径进行通信的传输路径称为直达径，如图 1-6 所示。仅考虑直达径上电磁波的传输时，基站端的发射信号 $s(t)$ 与手机端的接收信号 $y(t)$ 之间的关系可以表示为

$$y(t) = h \times s(t) \tag{1-1}$$

这里的 h 表示信道的平坦衰落。

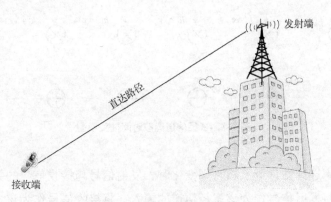

图 1-6　通信过程示意图

在实际中，接收信号除了会受到信道的影响之外，还会受到接收噪声的影响。用 $n(t)$ 表示信道的噪声，接收信号 $y(t)$ 可以表示为

$$y(t) = h \times s(t) + n(t) \tag{1-2}$$

信噪比（Signal to Noise Ratio，SNR）是接收信号的功率与噪声功率的比值，通常用分贝（dB）来表示，信噪比越大，说明混在信号里的噪声越小，接收到的信号质量越高。根据式（1-2），可以得到接收端的平均信噪比为

$$\text{SNR} = \frac{|h|^2 P_\text{T}}{N_0} \tag{1-3}$$

其中，P_T 是发射信号的平均功率，N_0 是噪声的功率。

式（1-1）中，发射端与接收端之间的等效信道增益被定义为变量 h，这是一个不随时间变化的常数。若等效信道增益随时间变化而变化，那么，发射端与接收端之间的关系可以表示为

$$y(t) = h(t) \times s(t) + n(t) \tag{1-4}$$

大多数通信环境下不存在直达径，或者除了直达径之外，发射端与接收端之间还有多条折射或反射路径不能忽略。在宽带无线通信系统中，由于系统传输带宽很大，每一个符号的码元宽度较短，所以无线信道的多径效应更为明显。

2. 频率选择性信道

在多径信道环境下，发射的信号将经过多条传输路径到达接收端。发射信号在不同传输路径中经历的延时是不同的，因此接收端需要利用多个时隙的接收信号联合检测发射的信号，这就是多径效应。由于多径效应的存在，信道将呈现出频率选择性。多径信道可以用离散时间抽头模型来表示，如图 1-7 所示。

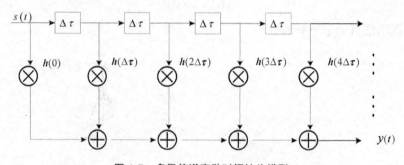

图 1-7　多径信道离散时间抽头模型

接下来讨论频率选择性信道不随时间变化时，发射信号与接收信号的关系。

在图 1-7 中，将发射信号作为该多径信道的输入，将接收信号作为该多径信道的输出，可以得到关于无线信道的输入/输出描述。

推理可知，第 k 径信道的信道增益，即等效抽头系数为 $h(k\Delta\tau)$，是一个不随时间变化的函数。$s(t)$ 表示第 t 个时刻发射的信号。在接收端，经过图 1-7 所示的信道模型后，接收信号可以表示为

$$y(t) = \sum_{k=0}^{L} h(k\Delta\tau)s(t - k\Delta\tau) \tag{1-5}$$

从式（1-5）可以看出，接收信号包含发射信号的多个码元符号。如果仅利用 t_0 时刻的接收信号 $y(t_0)$ 的数值，将无法求解 $s(t_0)$ 信号，因为此时的 $y(t_0)$ 中还包含相邻 $L+1$ 个时隙内的 $s(t)$ 信号，这就是多径效应所引起的码间干扰。

在实际中，接收信号除了会受到信道的影响外，还会受到接收噪声的影响，用 $n(t)$ 表示信道的噪声，则图 1-7 所示模型的接收信号 $y(t)$ 可以表示为

$$y(t) = \sum_{k=0}^{L} h(k\Delta\tau)s(t-k\Delta\tau) + n(t) \qquad (1\text{-}6)$$

如果发射端与接收端都在快速地移动中，或者发射端与接收端之间的障碍物在快速地移动，那么信道将随着时间的变化而变化。如果这种变化的速度很快，与发射信号每一个码元宽度的时间长度相当，就需要考虑信道的变化。图 1-8 给出了快时变信道离散时间抽头模型。从图中可以看出，第 k 径信道的等效抽头系数为 $h(t,k\Delta\tau)$，这是一个随时间 t 变化的变量。

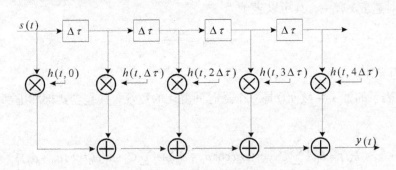

图 1-8　快时变信道离散时间抽头模型

此时，接收信号可以表示为

$$y(t) = \sum_{k=0}^{L} h(t,k\Delta\tau)s(t-k\Delta\tau) + n(t) \qquad (1\text{-}7)$$

1.2.3　信道统计模型

抽头模型中，原本连续的信道被建模成离散时间信道，从而方便用离散信号的处理方法进行分析讨论。输入/输出模型中，信道每一径的等效抽头系数 h 决定了发射信号与接收信号之间的映射关系，可以通过统计特性加以描述。在通信仿真实验中，经常需要模拟产生抽头系数，用来在实验平台上搭建完整的通信系统。

以最简单的平坦衰落慢时变信道为例，不考虑多径和时变的影响时，其等效模型如图 1-9 所示，信号从发射端到接收端存在很多传播路径，但是它们的传播延时小于信道相关时间，这样接收端接收信号的等效抽头系数是一种指数和的形式。目前，在通信仿真中，对平坦衰落信道应用得比较多的模型主要包括 Clark 模型、Jakes 模型和改进的 Jakes 模型。

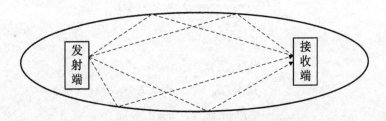

图 1-9　平坦衰落慢时变信道的等效模型

1. Clark 模型

考虑具有 N 条传播路径的平坦衰落信道，其 Clark 模型为

$$h(t) = E_0 \sum_{n=1}^{N} C_n \mathrm{e}^{(\omega_\mathrm{d} t \cos a_n + \phi_n)} \tag{1-8}$$

其中，E_0 为尺度因子，C_n、a_n、ϕ_n 分别为第 n 条传播路径的随机路径增益、入射波角度和初始相位，ω_d 为最大多普勒频偏。最大多普勒频偏与电磁波的频率 f_c 有关，也和发射端与接收端之间的相对速度 v 有关，其可以表示为

$$\omega_\mathrm{d} = \frac{2\pi f_\mathrm{c} v}{\mathrm{c}}$$

其中，c 为光速。

式（1-8）表示的抽头系数 $h(t)$ 是一个随时间变化的复数，其包含实部和虚部，可以等效表示为

$$\begin{aligned}
h(t) &= E_0 \left\{ \sum_{n=1}^{N} C_n \cos(\omega_\mathrm{d} t \cos a_n + \phi_n) + \mathrm{j} \sum_{n=1}^{N} C_n \sin(\omega_\mathrm{d} t \cos a_n + \phi_n) \right\} \\
&= h_\mathrm{r}(t) + \mathrm{j} h_\mathrm{s}(t)
\end{aligned} \tag{1-9}$$

其中，$h_\mathrm{r}(t)$ 是 $h(t)$ 的实部，$h_\mathrm{s}(t)$ 是 $h(t)$ 的虚部。

Clark 模型的衰落包络满足瑞利分布，相位满足均匀分布。

$$f_{|h|}(x) = x \cdot \mathrm{e}^{-\frac{x^2}{2}} \qquad x \geqslant 0 \tag{1-10a}$$

$$f_{\mathrm{arg}(h)}(\theta) = \frac{1}{2\pi} \qquad \theta \in [-\pi, \pi) \tag{1-10b}$$

2. Jakes 模型

Jakes 模型是对 Clark 模型的一种近似，Jakes 模型下平坦衰落信道的等效信道增益 $h(t)$ 可以表示为

$$h(t) = h_\mathrm{r}(t) + \mathrm{j} h_\mathrm{s}(t) \tag{1-11a}$$

$$h_\mathrm{r}(t) = \frac{2}{\sqrt{4M+2}} \sum_{n=0}^{M} a_n \cos(\omega_n t) \tag{1-11b}$$

$$h_\mathrm{s}(t) = \frac{2}{\sqrt{4M+2}} \sum_{n=0}^{M} b_n \sin(\omega_n t) \tag{1-11c}$$

其中，

$$a_n = \begin{cases} \sqrt{2} \cos \beta_0 & n = 0 \\ 2 \cos \beta_n & n = 1, 2, \cdots, M \end{cases} \tag{1-12a}$$

$$b_n = \begin{cases} \sqrt{2} \sin \beta_0 & n = 0 \\ 2 \sin \beta_n & n = 1, 2, \cdots, M \end{cases} \tag{1-12b}$$

$$\beta_n = \begin{cases} \dfrac{\pi}{4} & n = 0 \\[2mm] \dfrac{n\pi}{M} & n = 1, 2, \cdots, M \end{cases} \qquad (1\text{-}12\mathrm{c})$$

$$\omega_n = \begin{cases} \omega_{\mathrm{d}} & n = 0 \\[2mm] \omega_{\mathrm{d}} \cos\left(\dfrac{2\pi n}{N}\right) & n = 1, 2, \cdots, M \end{cases} \qquad (1\text{-}12\mathrm{d})$$

可以看出，Jakes 模型和 Clark 模型的形式是相同的，只是部分参量的取值不同。这样的取值使 Jakes 模型具有了确定性，而不具有广义平稳统计特性。

3. 改进的 Jakes 模型

为了克服 Jakes 模型在广义平稳统计特性方面的不足，在 Jakes 模型的基础上有多种改进的 Jakes 模型。在信道建模仿真时还可以使用以下改进的 Jakes 模型，其每一径的等效增益可以表示为

$$h(t) = h_{\mathrm{r}}(t) + \mathrm{j}h_{\mathrm{s}}(t) \qquad (1\text{-}13\mathrm{a})$$

$$h_{\mathrm{r}}(t) = \frac{2}{\sqrt{4M+2}} \sum_{n=0}^{M} a_n \cos(\omega_n t + \phi_n) \qquad (1\text{-}13\mathrm{b})$$

$$h_{\mathrm{s}}(t) = \frac{2}{\sqrt{4M+2}} \sum_{n=0}^{M} b_n \sin(\omega_n t + \phi_n) \qquad (1\text{-}13\mathrm{c})$$

其中，参数 a_n、b_n、β_n、ω_n 的取值与 Jakes 模型一样，不同的是引入了一个在 $[-\pi, \pi)$ 上均匀分布的随机相位变量 ϕ_n，Jakes 模型中的 ϕ_n 为一常数。随机相位 ϕ_n 的引入解决了 Jakes 模型的宽平稳特性问题。

1.3　本章小结

本章介绍了无线通信系统的相关的基本概念，明确了什么样的系统称为无线通信系统、无线通信系统具有什么样的特性。对于无线通信系统而言，其与有线通信最大的不同之处是采用无线的方式进行数据的传输，无线的传输方式、无线信道的特点也决定了其通信的特点。在对系统进行描述时，需要对系统进行建模，采用不同的建模方法可以解决不同的数学问题，可借助数学工具进行系统的分析和讨论。

1.4　课后习题

1. 选择题

（1）下列无线通信技术不属于近距离无线技术的是（　　）。

A. 蓝牙　　　　　　B. ZigBee　　　　　　C. 射频识别　　　　D. 卫星通信

（2）当信号的码元宽度小于信道的延时扩展时就会产生（　　　）情况。

    A．多径效应　　　　B．阴影衰落　　　　C．多普勒频移　　　D．自由空间损耗

（3）由发射端与接收端距离远近所引起的信号路径损耗称为（　　　）。

    A．小尺度衰落　　　B．大尺度衰落　　　C．阴影衰落　　　　D．快衰落

2. 简答题

（1）请简述蓝牙技术的优点。

（2）信号在无线空间中传播时，会受到哪些因素的影响？

第 2 章
移动通信系统的发展与应用

02

移动通信系统从第一代到第四代，每一次技术的更新换代都带来了通信方式的改变。5G 系统不仅将改变通信的方式，还将改变通信的范畴。到 4G 系统为止，服务的都是人的需求，完成的是人与人之间的通信。随着物联网技术、工业自动化技术和无人驾驶技术的发展，5G 系统必将适应更广泛存在的通信需求，将促进当今社会更快地向智能化方向发展，使当今社会在数据密集化和智能化的发展中产生巨大的蜕变。

除了传统无线通信系统传输速率的要求之外，5G 系统需要面临更复杂、更多样的通信环境，不但有如语音、视频等高速率的通信需求，还有车联网、智能工业、物联网等新应用的新需求。5G 系统将其应用场景分为增强型移动互联网业务、海量连接的物联网业务和超高可靠性与超低延时业务三大类，其关键指标参数包括传输速率、连接密度、连接速度及谱效能效等多个方面。

本章首先从移动通信系统的发展入手，介绍移动通信系统的发展历程和研究背景，着重介绍了5G 系统的技术和应用，从需求的角度分析了移动业务的发展趋势，并给出了 5G 系统的研究现状；然后围绕一个"新"字展开，着重讨论 5G 系统的新技术、新场景和新应用。在学习本章内容的时候，除了要关注 5G 系统中的关键技术外，更需要了解技术产生的背景和需求。

学习目标

① 了解移动通信系统标准化研究过程，了解标准化组织及标准化工作进展。

② 了解 5G 系统的新需求及标准化工作。

③ 重点掌握 5G 系统的新场景、新技术和新应用。

2.1 移动通信系统标准化

第三代合作伙伴计划（3rd Generation Partnership Project，3GPP）的活动是从第一个通信标准 Release 99 的研究和制定开始的，其任务是为通信系统制定全球适用的技术规范和技术报告。当然，每一个通信标准的制定都不是一蹴而就的，技术的发展在螺旋式上升，标准规范的更替也跟随需求的变换而逐步提升。从第三代移动通信系统的 Release 99 到第五代移动通信系统最新的 Release 17，新的移动通信技术层出不穷。

2.1.1 移动通信标准化研究机构

针对移动通信系统，有专门的标准化组织致力于移动通信的标准化工作，主要的标准化组织如下。

1. 欧洲电信标准化协会

欧洲电信标准化协会（European Telecommunications Standards Institute，ETSI）是于 1988 年建立的非营利性的电信标准化组织，总部设在法国南部的尼斯。ETSI 的运作具有很好的开放性和灵活性，其时效性也很强。

2. 中国通信标准化协会

中国通信标准化协会（China Communications Standards Association，CCES）于 2002 年 12 月 18 日在北京成立。CCES 是中国国内的企、事业单位自愿联合建立的，是开展通信技术领域标准化活动的非营利性法人社会团体。

3. 电信工业协会

电信工业协会（Telecommunications Industry Association，TIA）是由美国国家标准机构批准发展的，由 400 多个公司自愿联合建立，是开展多种信息通信技术领域标准化活动的团体。

4. 无线工业及商贸联合会

无线工业及商贸联合会（Association of Radio Industries and Businesses，ARIB）成立于 1995 年 5 月，是日本的无线技术标准化组织。其通过无线技术的标准化组织的形式，充分利用现有无线研究领域不同机构的优势，对无线技术进行合作研发，从而加快了无线技术在日本的应用。

5. 移动通信技术协会

移动通信技术协会（Telecommunications Technology Committee，TTC）也是日本的无线技术标准化组织，主要从事信息通信技术标准化工作的制定和发布。

6. 电信技术协会

电信技术协会（Telecommunications Technology Association，TTA）成立于 1988 年，是标准制定和研究的非官方、非营利性组织。TTA 从事韩国国内标准化活动的起草与发布、国际标准化活动的参与和制定及国际合作协调等。

2.1.2 移动通信接口标准

实际中所使用的无线通信网络都有其专属的通信规范，只有遵守特定通信规范的终端才可以接入对应的无线网络进行通信。常见的无线通信网络有很多种，如无线局域网、移动通信网及适用于近距离通信的蓝牙和 ZigBee 等通信协议。不同的通信网络很可能会共存在于同一个区域内，因此无线电波传输的空间是相互交叠的。例如，使用蓝牙耳机打电话时，蓝牙耳机与手机之间采用蓝牙的通信协议实现无线信号的传输，同时手机需要通过移动通信网络获取信息。此时，保证蓝牙耳机和手机之间的通信与手机和移动基站之间的通信互不干扰就是无线资源频谱划分所完成的工作。

不同的通信系统使用不同的频段进行通信，接收端可以通过滤波器得到期望频段内的有用信号，从而滤除干扰。类似于不同的国家有不同的法律法规，通信系统也有属于自己的、满足自身通信特点的通信协议。

国际电信联盟（International Telecommunication Union，ITU）是一个全球化的电信技术研究机构，负责分配和管理全球无线电频谱与卫星轨道资源，发展新技术并制定全球电信标准，以确保通信网络的无缝连接，促进全球电信发展。其中，国际电信联盟无线电通信部门（ITU's Radio Communication Sector，ITU-R）主要负责管理和协调国际无线电频谱和卫星轨道使用的分配，负责制定和更新《无线电规则》及相关的区域性协议，开展有关无线电通信事宜的研究并批准相关建议书。

国际电信联盟对于移动通信无线接口标准的研究和发展做出了巨大的贡献，ITU-R 在 IMT-2000 的通信标准中定义了 3G 系统，在 IMT-Advanced 通信标准中定义了 4G 系统。

IMT（International Mobile Telecommunication）意为全球移动通信。ITU 定义移动通信无线接口标准的名称时就以 IMT 作为开头，后面的数字或文字用来区分不同的版本。IMT-2000 是 1985 年由国际电信联盟提出的，是第三代移动通信系统接口标准的官方名称。简单来说，IMT-2000 可以看作 3G 的"大名"，通常所提到的 3G 则是对第三代移动通信系统的简称。在 IMT-Advanced 通信标准中，ITU 给出了 4G 的定义。IMT-Advanced 系统具有超过 IMT-2000 的传输能力，可以提供更为广泛的电信业务。IMT-Advanced 是 4G 的官方名称。

早在 2012 年，国际电信联盟无线电通信部门就开始了一项名为"IMT for 2020 and beyond"的研究计划，设定全球范围内第五代移动通信系统研究活动的日程规划。该计划指出，到 2020 年将实现全球范围内人或城市范围内各种物体间的无缝式连接，以促进全球智能化通信的发展。2015 年 9 月，ITU-R 完成了对 5G 系统的"愿景"的研究，并将 IMT-2020 作为 5G 系统唯一的官方候选名称。

早在 ITU 提出 IMT-2000 前，全球范围内的多家移动设备生产商和运营商就成立了 3GPP 实施了第三代移动通信合作项目，致力于研究无线接口协议规范，制定以全球移动通信系统（Global System for Mobile Communications，GSM）核心网为基础，以通用地面无线接入（Universal Terrestrial Radio Access，UTRA）为无线接口的移动通信技术规范，以保证从 2G 网络到 3G 网络的平滑过渡。

第三代移动通信合作项目的研发主要分无线接入、核心网和服务应用 3 个方向，其相应工作由 3 个对应的工作组承担，分别是无线电接入网（Radio Access Network，RAN）工作组、服务与系统方面（Services and Systems Aspects，SA）工作组、核心网与终端（Core Network and Terminals，CT）工作组。

3GPP 包含 7 个标准化组织，分别是中国通信标准化协会、欧洲电信标准化协会、美国电信工业协会、日本无线工业及商贸联合会、印度电信标准开发协会、韩国电信技术协会和日本移动通信技术协会，还包括诸如宽带论坛、互联网协议论坛在内的多个合作伙伴。随着 3GPP 工作的有效开展，其工作范围由最初的"为第三代移动通信系统制定全球适用的技术规范和技术报告"延伸为"对 ITU 提出的全球移动通信研究规划中通信网络技术的长期研究及改良，以满足市场需求"，覆盖移动通信网络中的关键技术，包括无线接入、核心网、服务应用等。

除了 3GPP 之外，陆续有一些其他标准化组织在移动通信技术的发展中做出过一定的贡献，如 3GPP2 等。3GPP2 成立于 1991 年 1 月，和 3GPP 一样，3GPP2 也致力于研究 ITU-R 的 IMT-2000 计划中的第三代移动通信系统规范在全球的发展。

2.1.3　移动通信系统标准化

写信有固定的格式，如人称、落款等；信封也有固定的格式，收信人和寄信人信息的位置不能写错等。通信的过程也是一样，每一个移动通信系统都会有自己的标准，也可以称为规范，用以定义通信过程中的语句格式。例如，有的设备可以接入无线局域网，却无法连入 4G 系统，这是因为在这个设备中缺少支持 4G 系统的芯片。不仅如此，当同一体系内的网络向前演进时，较老的版本将不能支持新版本的一些功能，如一部手机只能支持 4G 的标准，那么它就无法接入 5G 的网络。

移动通信系统的研究机构和标准化组织在移动通信发展中的贡献和第五代移动通信系统的研究近况如下。

1. 3G 系统

3GPP 的技术规范名称以 Release 开头，加数字以区分不同的版本。其第一个版本是 Release 99，这是 3GPP 所有技术规范中第一个也是最后一个以年份标记的版本。Release 99 中定义了宽带码分多址（Wideband Code Division Multiple Access，WCDMA）新型无线接入机制，引入了一套新的空口接入方案，采用了扩频正交多址接入的技术。

在核心网方面，GSM 网络最初使用电路交换式（Circuit Switched，CS）电话技术和通用分组无线服务（General Packet Radio Service，GPRS）的数据封装交换技术，在 Release 99 的规范中，核心网的架构并没有本质的变化。

Release 4 增强了无线接口的功能，如时分双工技术。Release 5 和 Release 6 中分别增加了高速下行分组接入（High Speed Downlink Packet Access，HSDPA）和高速上行分组接入（High Speed Uplink Packet Access，HSUPA）技术。HSDPA 不需要改变现有网络结构，可以为用户提供峰值为 14.4Mbit/s 的下行数据传输，HSUPA 可以将单小区上行峰值速率提升到 5.76Mbit/s。

Release 7 中引入了增强型高速分组接入（High-Speed Packet Access+，HSPA+）技术，进一步提升了系统的传输能力。为了实现 HSPA+的高效传输，Release 7 中首次采用了多天线技术和高阶调制技术。多天线技术能在不增加带宽的情况下成倍提高通信系统的容量和频谱利用率。采用多天线技术的多输入/多输出系统可以定义为发射端和接收端之间的多个独立信道，因此可以消除天线间信号的相关性，提高信号的链路性能，增加数据吞吐量。HSPA+在上下行链路中引入了 16QAM 的调制方案，在上行链路中实现了峰值为 11.5Mbit/s 的传输速率。

2. 4G 系统

从 Release 8 开始，3GPP 开启了长期演进版本（Long Term Evolution，LTE）的研究阶段，其目标主要是针对 ITU 提出的 IMT-Advanced 的需求展开研究，标志着 3GPP 开始开展对于第四代移动通信技术规范标准的制定。

长期演进版本是 3GPP 对其制定的通用移动通信系统（Universal Mobile Telecommunications System，UMTS）技术标准的长期演进。在 Release 8 中，3GPP 对核心网做了巨大的变革，不再支持用于支撑 GSM 网络下语音传输的电路交换技术，采用了基于互联网协议（Internet Protocol，IP）的网络。

在无线接口方面，Release 8 继续沿用了 Release 7 中的多天线技术和高阶调制技术，首次引入了正交频分复用多址接入技术，Release 8 定义的 LTE 网络在系统吞吐量上获得了巨大的飞跃。LTE 网络支持最多 4 根天线的 4×4 的多天线配置，支持 1.4MHz、3MHz、5MHz、10MHz、15MHz 和 20MHz 等多种带宽的灵活配置。LTE 网络下行采用正交频分复用多址接入方式，上行采用单载波频分多址接入方式，可以获得下行 300Mbit/s、上行 75Mbit/s 的峰值传输速率。

Release 9 在 Release 8 的基础上做了一些补充，包括自组织网络（Self-Organized Network，SON）的定义、多媒体广播多播业务（Multimedia Broadcast Multicast Service，MBMS）及家庭基站（Femto-cell）的概念。此外，Release 9 中也增加了多天线波束成形技术。

Release 10 中定义了 LTE-Advanced 标准，实现了 ITU 在 IMT-Advanced 中提出的对于下行 1Gbit/s 和上行 500Mbit/s 的峰值速率的要求。在技术方面，Release 10 中引入了单载波频分多址接入技术，支持用户调度技术；采用增强型多天线技术，下行链路最高支持 8×8 的多天线配置；引入了中继站，增强了小区覆盖能力，提升了阴影区域用户的通信体验；支持异构网络，并采用增强型小区间干扰协调技术解决了异构网络的干扰问题；采用了载波聚合技术，通过载波合并支持最高 100MHz 的载波聚合。

随着物联网及工业自动化技术的发展，机器类通信（Machine Type Communication，MTC）也成为人们日益关注的热点问题。Release 11 中就讨论了机器类通信的问题，在 Release 10 的基础上增加了新的功能，如多点协作、增强型载波聚合等。后续 Release 12 继续对机器类通信的能效优化问题展开了讨论。

3. 5G 系统

3GPP 将 Release 13 称为 LTE-Advanced pro，基于 LTE-Advanced pro 规范引入了最新的通信技术，如增强型载波聚合、增强波束成形技术及三维多天线技术等，最重要的是引入了 NB-IoT，促进了机器类通信的应用，达成了万物互联的通信需求。在移动通信未来的发展中，不仅需要更高的传输速率，还要支持现在连接数数倍的连接，全球将走入万物皆联网的物联网时代，对原本的通信需求产生翻天覆地的影响。为了应对通信需求的巨大变革，3GPP 计划在 Release 14 中对 NB-IoT 和机器类通信技术进行一系列增强与改良。

同时，大数据、海量连接的发展趋势对传统移动通信系统形成了严峻的考验。为了应对爆炸式的数据传输需求和海量的无线连接，ITU 在 IMT-2020 中提出了对于 5G 系统的规范要求。3GPP 从 Release 14 针对 5G 系统的框架和关键技术展开初步定义，主要在 Release 15、Release 16 和 Release 17 中分三大场景进行了研究。

2.2 什么是 5G

5G 即第五代移动通信系统，可以为用户提供吉比特每秒级的传输速率，峰值速率可以达到 10Gbit/s，是目前 4G 系统的数百倍。不仅如此，第五代移动通信系统对于系统延时和接入效率也有进一步的提升，可以支持低延时、高可靠的通信需求，还可以为移动物联网提供海量的无线接入。

2.2.1 移动业务需求趋势

随着视频等新业务的增加，移动互联网新应用所带来的流量将呈爆炸性增长，移动业务流量数据量将呈指数级增长。不仅如此，越来越多具备通信能力的机器将导致联网设备数量的巨大增长，预计到 2020 年末将有 1000 亿台联网设备。随着设备与设备之间通信的出现，机器类通信将伴随着应用场景和业务的多样性对 5G 系统提出新的需求。无论是从延时、吞吐量还是从连接数来说，4G 系统都无法满足将来大量的应用和需求。面对业务需求的改变，移动网络将如何应对呢？

首先，对于视频等业务而言，更高的速率意味着更良好的用户体验，如 8K 视频需要的速率将会大于 100Mbit/s。

其次，尽管 4G 系统能为每个小区提供几千个连接，但仍然无法满足全世界万物互联的需要。5G 系统时代，每平方千米的连接数将达到百万个，如图 2-1 所示，连接将渗透到未来社会的各个领域，真正实现万物互联，物联网从人和人的连接演变为人和物、物和物的连接，整个社会将通过移动互联全面改造，大大提升社会效率。5G 系统将拥有多达千亿的智能节点，届时人们生活中的所有东西都会被连接，包括牙刷、眼镜、手表、球鞋；工厂里的转运箱、叉车、机械手……

以自动驾驶为例，4G 系统的延时小于 50ms，相当于 3G 系统的一半，现有 4G 系统延时条件之下，时速 100km 的汽车从发现障碍到启动制动系统仍需要移动 1.6m。然而，无论是全自动驾驶，还是车和其他物品之间的通信和协调，都需要超低延时和超高可靠性的通信保障。5G 系统可以达到 1ms 的超低延时，比现有 4G 系统响应速度提高了 50 倍，同样时速的汽车从发现障碍到启动制动系统需要移动的距离将缩短到 3.3cm，可见，5G 系统将有望达到汽车自动驾驶系统可承受范围的水平。

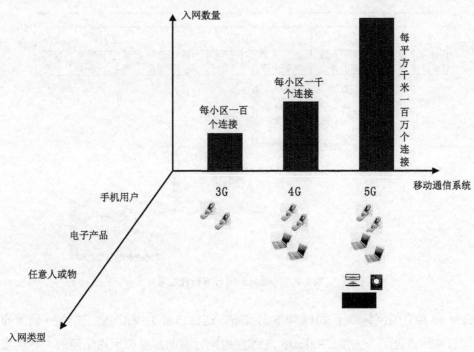

图 2-1　移动业务需求趋势

2.2.2　5G 标准化进展

下一代移动通信 5G 白皮书指出：5G 系统是一个端到端的、全移动的、全连接的生态系统，提供全覆盖的一致性体验，提供可持续的商业模型，通过现有的和即将涌现的创新，为用户和合作伙伴创造价值。

5G 标准化的研究分几个阶段展开，形成了 Release 15、Release 16 和 Release 17 三个演进版本的标准。

1．Release 15

Release 15 标准在网络架构上提供了非独立组网和独立组网两个方案，其研究过程如图 2-2 所示。

非独立组网方案将直接利用现有 4G 系统核心网架构，降低了组网周期，为普通消费者可以在 2020 年前后使用 5G 系统提供了可能。尽管在网络架构上没有太大的变化，非独立组网在空中接口的物理层规范中仍引入了许多先进的无线通信技术，可以满足 5G 增强移动宽带业务对数据传输吞吐量的需求，如正交频分复用系统参数配置的扩展、先进的信道编码技术、大规模天线技术及毫米波的应用等。2017 年 12 月，3GPP 正式发布了 Release 15 标准非独立组网的空口规范，这是 5G 标准化工作的第一个里程碑。然而，非独立组网无法发挥 5G 系统低延时的技术特点，也无法通过移动边缘计算技术、虚拟化技术和网络切片等技术满足多样化的业务需求。

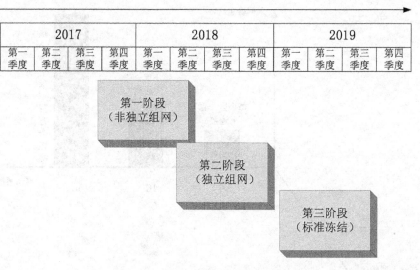

图 2-2　Release 15 标准研究过程

Release 15 独立组网标准于 2018 年 6 月发布，这标志着 5G 标准化工作第一阶段的完成，5G 系统朝着商用迈进了一大步。Release 15 独立组网标准的重点在于用全新的下一代核心网架构，大规模采用网络虚拟化、软件定义网络等新技术，可以更好地支持 5G 系统大带宽、低延时和海量接入等不同业务特点，提供差异性服务。

随着 5G 系统标准化进程的推进，5G 产品已逐渐实现，走入人们的生活。

【例 2-1】5G 芯片的研发。

在终端领域，中国的华为技术有限公司投入巨资打造了 5G 芯片 Balong 5G01，是业界首款基于 3GPP 标准的 5G 商用终端芯片，支持全球主流的 5G 频段，包括低频 6GHz 频段和高频毫米波通信，可实现吉比特每秒的下载速率，支持独立与非独立两种组网方式。

【例 2-2】5G 操作系统的研发。

2018 年初，华为技术有限公司联合德国电信和美国英特尔公司，基于 3GPP Release 15 标准的 5G 商用基站，在运营商网络环境下完成了全球首个 5G 互操作性开发测试，并与美国的高通公司完成了基于 3GPP 标准的 5G 互操作性测试。

2. Release 16

随着 Release 15 的工作完结，3GPP 将工作重心转移到 Release 16 的研究。这一阶段通常也被视为 5G 标准化工作的第二阶段。

Release 16 是 3GPP 组织 5G 标准化的一个重要版本，其实现了 IMT-2020 所要求的大部分功能，Release 16 的内容在 2018 年 6 月定义，并预计在 2020 年冻结。截至 2019 年 4 月，有关 Release 16 的近百项研究正在进行中，包括多媒体服务优先级、车联网应用层服务、5G 卫星接入、5G 局域网、5G 无线与有线覆盖、终端定位技术、网络自动化及新型无线通信技术等。另外，工作组将在安全性、编解码技术、网络切片和物联网等方面继续展开研究，并关注车联网、工业物联网及非授权频段内的运营。对于车联网的应用，Release 16 及后续版本将着重研究系统的延时性能。Release 16 的第二个重点是工业物联网的应用，因为工厂自动化是未来发展的大趋势，也是 5G 系统的重要应用场景之一，只有提升现有系统的延时敏感性和可靠性，才能满足工业自动化所需的所有功能。

在 2019 年底结束的 3GPP 第 86 次会议上，专家对 5G 演进标准 Release17 进行了规划和布局，并围绕更智慧的网络、更卓越的能力和全面拓展的业务 3 个方向制订了下一步的研究计划，包括物理层、无线协议和无线架构等多个方面的内容，针对 5G 局域网、高精度定位、5G 物联网、超可靠和低延迟通信、多媒体优先级、边缘计算及广播多播等技术展开了进一步的研究。

2.2.3　5G 性能指标

5G 系统将提升用户终端的体验，提供更多超高速率、性能卓越的新应用和新服务。在 5G 系统中，用户得到的不仅仅是超高速的数据传输，还有丰富的解决方案和服务。

IMT-2020 确定了 5G 系统的几个重要性能指标：峰值速率最高达到 10Gbit/s，频谱效率是现有 IMT-Advanced 系统的 3 倍以上，支持 500km/h 移动速度下的用户通信，系统延时不超过 1ms，支持高密度、高能效的连接，并保证每平方米范围内的区域流量等。

对比 4G 系统的性能指标，可以看出对于 5G 系统，除了传输容量增加的用户需求之外，随着物联网、工业自动化技术的发展，能量的消耗、接入的延时及接入密度等都是 5G 系统需要考虑的因素，如图 2-3 所示。

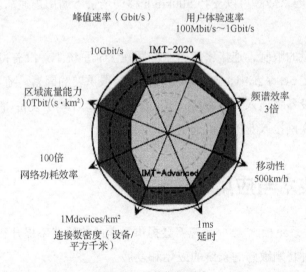

图 2-3　性能指标对比

1. 速率

从 GSM 网络下行 9.6kbit/s 的传输速率到 WCDMA 系统的 5.76Mbit/s，从 LTE-Advanced 的 1Gbit/s 峰值速率到 5G 系统 10Gbit/s 的峰值速率，网络的传输速率是每一代移动通信网络致力提升的关键指标之一。在 IMT-2020 的定义中，5G 系统将达到 10Gbit/s 的峰值速率，在增强移动宽带的通信场景下，5G 系统可以支持不同场景下的差异性用户接入；在广覆盖的通信环境下，普通的城市或郊区用户可以达到 100Mbit/s 的平均速率；在某些热点覆盖区域，用户可以实现更高的数据传输。

2. 频谱效率和能量效率

在传统的通信网络中，高速率的信息传输必然带来更高的能量损耗。随着绿色通信理念的提出，系统的频谱效率和能量效率问题也成为人们关注的热点问题之一。在 5G 系统中，能量效率也是人们关注的重点技术指标之一，将有望进一步降低。

对于频谱效率，IMT-2020 指出，5G 系统中，在增强移动宽带的通信场景下，频谱的接入效率将是现有 4G 网络频谱接入效率的 3 倍或者更高。

3. 低延时与高移动性

随着车联网系统和工业自动化技术的发展，提供低延时的无线通信成为车联网系统和工业自动化系统可靠运行的重要保障。在车联网系统和工业自动化系统中，最重要的就是安全，而安全的前提是信息的及时准确传输，信息的传输失误或延时大于系统承受最大延时时，将引发重大的交通或工业事故。

与现有 4G 系统 60～98ms 的空口延时相比，5G 系统将提供不到 1ms 的系统延时，从而支撑某些低延时业务的需求。

移动性也是 5G 系统关注的重点问题之一。随着高速铁路的发展，快速移动环境下的通信将日益增加，5G 系统要求最高可以支持 500km/h 移动场景下的用户通信。

4. 连接密度

由于移动终端数量的限制，连接密度这个问题在 4G 系统中并没有得到显著的关注。随着物联网应用的发展，在 5G 系统中，连接密度成为一个很重要的因素。随着物-物通信时代的开启，越来越多的终端设备将连入无线网络，5G 系统将支持 10^6 个设备/平方千米的连接密度，从而为海量的移动物联网接入业务提供通信基础。

2.3 5G 新技术与应用

与现有的 3G、4G 系统相比，5G 系统将会提供显著的传输速率提升和系统延时的改进。这将促进一部分对于延时特别敏感的系统的应用和发展。

2.3.1 5G 新技术

是什么让 5G 网络具有如此卓越的能力呢？因为 5G 系统采用了一系列新的关键技术，主要包括大规模天线技术、异构超密集组网技术、新型多址技术、全频谱接入技术和新型网络架构等。

1. 大规模天线技术

大规模天线技术是多天线技术的增强应用，其通过在发射端和接收端配备多根天线达到提升系统频谱效率的目的。

采用大规模天线阵列，可使系统容量成倍增加，信号可以在水平和垂直方向进行动态调整，因此能量能够更加准确地集中指向特定的用户，减少小区间干扰，并能够支持多个用户间的空间复用。大规模的天线阵列增加了天线孔径，通过相干合并可以降低上下行链路所需的发射功率，也更符合"绿色通信"的要求。

2. 异构超密集组网技术

近年来，异构网络（Heterogeneous Network，HetNet）的研究引起了人们的广泛关注，3GPP标准组织已在其 4G LTE 标准 Release 10 中引入了异构网络的概念，使不同层次的低功率基站，如家庭小区（Femto-cell）、微小区（Micro-cell）、微微小区（Pico-cell）等低功率基站可以以一种竞争的方式参与通信，所有异构小区可以以全复用的方式共享相同的频带资源。近年来，对于异构网络的研究成果层出不穷，LTE 标准 Release 12 中就已提出了多种异构网络的增强应用方案，并将异构网络作为超密集网络架构下有效降低移动性调度开销和提升移动用户通信体验的重要手段。

异构超密集无线网络系统可以有效提升系统的能量效率，增加网络覆盖和吞吐量，大大提升网络用户的通信体验。

3. 新型多址技术

随着移动物联网技术的发展，5G 系统需要支持海量连接，采用完全正交的方式接入已不能满足网络的需求。在 5G 系统的接入方案中出现了一系列非正交多址接入。非正交多址接入技术通过发射信号的叠加传输提升系统的接入能力，可有效支撑 5G 系统每平方千米兆数量级设备的连接需求。

4. 全频谱接入技术

全频谱接入技术通过有效利用各类频谱资源，缓解 5G 系统对频谱资源的巨大需求。除了为 5G 寻找新的频谱资源以外，未来还可能使用对 2G/3G 频谱进行重耕、使用未授权频段等方法为 5G 系统提供更多的频谱资源。

未来移动物联网场景具有广覆盖的通信需求，其设备大多工作在 6GHz 以下，甚至是 1GHz以下的频带范围内，因此极有可能使用 2G/3G 系统重耕后的频谱。

5. 新型网络架构

未来的业务对网络要求各不相同，未来的网络需要具备强大的灵活性。传统的移动通信网络采用单一的运行模式，用单一的网络架构服务所有业务，无法实现端到端的业务编排。5G 系统中将采用端到端的网络切片技术，将网络分割成多个切片，每个切片在逻辑上相互独立，可以实现某个特定类型业务的最佳体验。

网络切片技术可以实现不同业务和切片网络之间的资源共享，从而优化网络资源分配，实现最大成本效率。

2.3.2 5G 新场景

国际标准化组织 3GPP 定义了 5G 系统的增强型移动宽带（enhanced Mobile BroadBand, eMBB）业务、海量机器类通信（massive Machine Type Communication, mMTC）业务和高可靠低延时连接（uRLLC）业务三大应用场景，如图 2-4 所示，并从吞吐率、延时、连接密度和频谱效率提升等 8 个维度定义了对 5G 系统的能力要求。

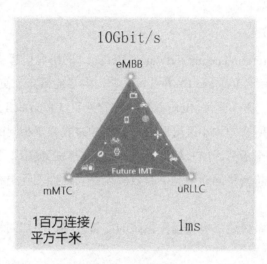

图 2-4　5G 新场景

1. 增强型移动宽带业务

增强型移动宽带业务在现有宽带通信网络的基础上，为用户提供高速率的数据传输和大流量的移动业务。这也就意味着，在 5G 系统的覆盖下，用户将获得更高速的上行、下行数据传输。

eMBB 场景主要面向三维视频、超高清视频等大流量移动宽带业务。例如，当峰值速率达到 10Gbit/s 的时候，下载一部 4Gbit 大小的电影最快只需要 4s。

增强型移动宽带是当前移动宽带业务的延伸，提供多用途的通信服务，并支持需要高速率的新应用，以提供覆盖范围内一致的用户体验为目标，需要达到吉比特每秒级别的高速率数据传输，并保证较低的接入延时。

实现增强型移动宽带的重要方案包括引入新的频谱资源、采用新的频谱接入方式、提高频谱的利用率、增加网络的密度、采用异构的组网方式及提升系统的可靠性等。

为了满足大流量的要求，系统需要获得更多的频谱资源和采用更为灵活有效的频谱技术。如今，低频部分的频带资源已相当紧缺，6GHz 以上频段更有可能提供连续的宽频段。毫米波频段可以提供连续的大带宽，对于增强型移动宽带场景非常重要。但毫米波频段的信号在空间传输中要经历更为严重的路径损耗，如何采用合理的大规模天线技术，利用波束赋形提升传输的有效性和覆盖范围就是亟待解决的问题之一，相关内容将在第 5 章和第 7 章中陆续介绍。5G

系统将采用多频段联合的方式，结合专有频谱的接入，保证网络的覆盖有效性和服务质量的可靠性。

为了提升频谱利用率，多天线技术在 5G 系统中将被继续采用。多天线技术既可以通过提升频谱效率改善覆盖范围内的数据传输速率，又可以提升覆盖能力。

在增强型移动宽带场景下，网络的部署密度将有所增加。随着网络密度的增加，单个小区内激活的用户数会随之下降，为了保证通信效率，异构的通信组网方式将被引入。在用户的移动性管理方面，干扰识别和干扰抑制技术、移动性预测技术及切换优化技术都可以进一步提升增强型移动宽带场景下的系统性能。其具体的技术与应用相关内容将在第 6 章中进行讨论。

2. 高可靠低延时连接业务

5G 系统不仅需要为人与人之间提供通信服务，还将面对众多物物相连的场景。例如，车联网系统就是物物相连的典型应用之一。

车联网是由车辆位置、行进速度和道路条件等信息构成的巨大交互网络。传统的车联网系统主要通过装载在车辆上的电子标签完成信息的交互，获得车辆和道路的相关信息。随着车联网技术的发展，传统获取数据的方式已经不能满足车联网系统智能化的要求，根据车联网产业技术创新战略联盟的定义，车联网是以车内网、车际网和车载移动互联网为基础，按照约定的通信协议和数据交互标准，在车-X（X 表示车、路、行人及互联网等）之间进行无线通信和信息交换的庞大网络，是能够实现智能化交通管理、智能动态信息服务和车辆智能化控制的一体化网络。对于车联网系统而言，安全性要求极高，高可靠、低延时是通信网络必须具备的重要特性。在这样一个智能的网络中，安全是最重要的因素。而无线通信网络的通信能力对车联网的安全运行起到了至关重要的作用。在这样的网络中，需要高可靠低延时的数据传输保证车辆的智能控制；而作为车联网信息的发射端、接收端及中继站，消息传递过程必须保证私密性、安全性、可靠性及实时性。

除此之外，工业自动化也需要高可靠低延时的无线通信。在未来的智慧工厂里，大量机器都安装了无线传感器，这些传感器之间需要相互"交流"信息，这些信息能否准确实时地到达和反馈，将影响整个流水线的生产效率。如果出现了意料之外的延时或传输错误，则可能会造成工业事故。

在高可靠低延时场景下，可以通过提高信号的带宽压缩传输的时间，一系列分集技术也可以进一步提升传输的可靠性。另外，专有的频谱或极高的频谱接入权限也是保证可靠性的必要条件。

3. 海量机器类通信业务

物联网是信息时代新兴的重要技术之一，其早期主要通过 RFID 技术或 Wi-Fi、ZigBee、蓝牙等近距离无线通信技术实现无线接入。随着 NB-IoT、LoRa 等技术标准的出炉，物联网技术的应用与发展已初具雏形。

大规模物联网业务也是 5G 网络面向的主要应用场景之一。根据 3GPP 的规划，海量机器类通信业务将会规划在 6GHz 以下的频段内，以便为物联网络提供超大数量的无线接入。

海量机器类通信为大量低成本、低能耗的设备提供了有效的连接方式。大范围部署的海量终端可以应用在农业测量、智能家居、智慧城市等各个领域中。相对于增强型移动宽带的场景，海量机器型通信场景下的设备终端只需要进行小流量、不定时的数据通信，因此对于通信带宽和系统延时并没有过高的要求。但是，这些终端设备对功耗的要求较高，频繁的电池充电和更换对于大量终端设备而言是不现实的。事实上，这些终端设备一旦被部署，就很难维护，因此如何实现最低的功率损耗就是系统必须考虑的问题。

海量机器型通信需要良好的覆盖和穿透能力，对带宽的要求相对较低。从覆盖和传播的角度来说，因为海量机器通信场景对频带的需求较低，所以 6GHz 以下的频谱较为适合。

除此之外，海量机器类通信必须足够通用，才能支持未来新的应用。在 5G 系统中提供了直接网络接入、聚合节点接入和短距离点对点接入 3 种不同的海量机器通信方案。

2.3.3　5G 新应用

1. 增强现实与虚拟现实技术

增强现实（Augmented Reality，AR）技术是一种通过图像和视频处理技术，实时地计算影像的位置和角度，并在屏幕上将虚拟图像或视频与现实图像或视频结合的技术，它可以在对应的图像和视频中为用户展示更多信息。

AR 技术是一种将虚拟世界融入真实世界的新技术，它可以在原本真实的图像或视频中，通过计算机模拟、仿真合成加入虚拟信息，从而达到超越现实的感官体验。

和 AR 技术类似，虚拟现实（Virtual Reality，VR）技术也是一种基于计算机仿真技术的图像和视频处理技术，它可以在多维信息空间上创建虚拟信息环境，并强调使用户具有身临其境的沉浸感。

说到虚拟现实技术的应用，也许大多数读者的第一反应就是 VR 电影。娱乐行业的确站在了 VR 技术应用的最前沿，基于 VR 技术的电影也已问世。与传统三维影像或巨幕电影相比，VR 电影具有全景式的立体成像与环绕音响，并通过对观众的头、眼、手等部位的动作进行捕捉，增强人与景物之间的互动，实现沉浸式的用户体验。

除此之外，在工业自动化领域，VR 技术也已发挥了巨大的作用。它使人们可以行走在正在创建的商品里，准确排查每一处错误，可以提高产品制造质量，减少误差，避免返工。不仅如此，AR 与 VR 技术已经开始逐步改变人员培训及资产管理解决方案的行业标准。

VR 和 AR 技术都需要很高的数据传输速率和较低的延时。在获得虚拟现实效果的同时，每个参与者也会影响虚拟现实的影像，因此用户之间需要不断地交换数据。为了保证高清的虚拟现实影像，多向、高速、低延时的数据流传输是必不可少的因素之一。

【例 2-3】VR 技术在汽车制造业中的应用。

传统模式下，设计者使用纸、笔或者计算机软件进行汽车设计。这种方式的弊端是需要将三维的物体投影到二维的平面中进行设计。使用 VR 技术之后，设计师可以使用头戴式设备，浸入三维环境中享受设计的乐趣。通过三维的渲染技术，设计师可以在虚拟的环境中近似真实地看到所设计的新车。不仅如此，设计师还可以在虚拟的环境中运动，360°无死角地观察新车的设计，获得完整的视觉信息。

随着 VR 应用领域的拓展，机械、电子、航空航天等各个领域都在利用虚拟现实技术，以获得更大的发展空间。无论是 AR 还是 VR 技术的应用，都将对无线网络的通信能力提出更高的要求。

2. 无人驾驶技术

可以想象，未来的汽车不再需要人工驾驶，汽车之间可以实现自主"交流"；它们也可以和道路"对话"，并安全地到达目的地。如此智能的汽车不但能像人一样听到、看到周边的信息，还可以获知整个城市的交通现状，选择更为通畅的路线出行。这将是一场划时代的变革，而这样的变革正在悄悄来临。

无人驾驶技术可以分为 6 个等级，分别从 L0 标记至 L5，L0 是最低等级，L5 是最高等级。其中，只有 L4 和 L5 等级才是真正意义上可以在行驶过程中实现全自动驾驶的级别，L4 等级只能适用于特定的道路和天气环境，而 L5 等级可以适应任意地形。

自动车辆控制是自动驾驶系统中的关键环节，为了实现无人驾驶，需要在汽车上安装一系列传感器，用于感知车辆周围的信息，例如，车辆的位置、障碍物的信息、道路的信息等。这些信息将用来控制车辆的转向和速度，保证车辆能够安全、可靠地在道路上行驶，避免碰撞，带来更为安全的交通出行保障。

无人驾驶汽车还应具备全球定位系统（Global Positioning System，GPS）等无线定位功能，能够获取目的地信息及道路条件。这些通信连接需要承载极低延时和高可靠性的车辆控制指令，这些指令对于安全行驶极为重要。尽管这些指令不需要很大的带宽，但不可否认的是，随着应用的发展，当未来应用存在视频信息传输需求时，仍需提供更高的传输速率。

3. 智慧城市

随着物联网技术和人工智能技术的发展，在 5G 网络的广覆盖场景下，社会也将变得更加智能化。智慧城市可以说是在 5G、物联网、人工智能、大数据、智能计算发展下社会重大变革的产物。

在未来数字化的生活中，人们可以实现万物互联，可以全方位立体化地感受虚拟世界，也可以利用无处不在的无线传感器感知城市的点滴变化，营造更安全、更智能、更适宜的生活环境。

【例 2-4】基于物联网技术的智慧城市建设。

天津市滨海新区面积为两千多平方千米，人口在 300 万左右，地区生产总值约 7000 亿元，其在 2007 年就开始建设简单的政务平台。随着应用需求的发展，如何将智慧城市与大数据技术相结合，建设大数据体系，实现对智慧城市体系的强有力支撑成为一大难题。

华为技术有限公司助力天津市滨海新区设计和开发了一套以人工智能为基础的"1+4+N"

智慧城市方案，即一个中心、四大平台和 N 个创新应用。其中，一个中心是华为研发的"城市大脑"中心，政府数据、企业数据、市民数据、互联网数据及物联网数据汇集后经由"城市大脑"进行处理、沟通和深度挖掘，再充分利用人工智能技术展现"城市大脑"的深度分析价值。

智慧城市体系分 3 个方向，上层是业务体系，包括各个部门，如审批、公交、医疗等，以及一些综合性的平台、跨部门的系统，这些系统为企业和居民提供服务或者管理；中间层是数据信息，包括数据的整合分析能力；最下面一层是支撑体系，包含传统的云和网络，并融入大数据平台。在传统政务平台中，业务数据并没有得到充分的利用，智慧城市体系中会产生大量的业务数据，这浪费了数据的价值。利用人工智能技术可以通过业务数据产生价值，更好、更直接地为政府、企业、居民提供服务。

人工智能平台与"城市大脑"中心紧密配合，实现了"聆听民声、感悟城市、关爱民众和服务企业"的四维创新。基于一个中心、四大平台和 N 个创新应用，助力城市实现平安、美丽、便捷、和谐、文明和活力六大幸福指标，满足人民群众对美好生活的向往。

【例 2-5】物联网技术在农业中的应用。

在青岛，土地数字化为农业赋予了智能，成就了"海水稻"种植奇迹。

中国的耕地约有 18 亿亩，与此同时，中国有 1 亿公顷，（即约 15 亿亩）的盐碱地，当中大概有两三亿亩盐碱地有潜力改造成良田来进一步生产粮食。海水稻（耐盐碱水稻）品种可以在盐碱地上种植，通过它的种植把盐碱地改造为良田。

袁隆平院士带领青岛海水稻研发中心研发了海水稻，目前在国内测产，亩产可达 620 余千克，其在迪拜沙漠地区试种后，亩产可达 500kg。袁隆平团队的目标如下：第一步，实现农业数字化，第二步，实现农业智能化，第三步，实现农产品体系化，在 5～8 年内将 1 亿亩盐碱地改造成为良田，这 1 亿亩盐碱地可为我国每年增产 300 亿千克的粮食，养活 8000 万人口，这 8000 万人口相当于欧洲一个中等国家的人口数量，也是我国未来 20 年内预计新增人口的数量。

成就"海水稻"种植奇迹的，除新的水稻品种外，基于华为技术有限公司"要素物联网系统"的土壤数字化也起到了至关重要的作用。各种地表、地下传感器收集光照、温度、盐碱度等信息，通过无线通信网络传送到华为云端大数据中心，然后通过人工智能系统和专家诊断，提供靶向用药、定向施肥及病虫害防治，从而实现盐碱地稻作改良和产量提升。

这套智慧农业的沃土云平台来自于华为的黑土地理念，利用四维改良法，最终实现了农业的技术革命。农业 1.0 时期完全是手工劳动，2.0 时期使用了农业机械，3.0 时期进入了全机械化的生产模式，到 4.0 时期，人们需要的是尽量少干预、全区域、全链条的无人化农业。

【例 2-6】云计算与物联网的结合应用。

在杜伊斯堡，云计算与物联网助推了城市智慧化，增强了城市吸引力。

　　杜伊斯堡位于德国中部的鲁尔区，鲁尔区是欧洲人口最密集的区域之一。作为钢铁生产区，鲁尔区因为城市的智能化，现在钢铁工人的数量已经从 7 万人下降到 1.6 万人。杜伊斯堡目前正从一个以工业为主的城市转变为一个智慧城市，需要找到新的增长点来适应时代的变化，智慧城市建设可以帮助杜伊斯堡的城市快速发展，并且优化市民的生活。

　　杜伊斯堡的目标是抓住数字化提供的机遇，利用信息与通信新技术提升居民生活体验，促进城市经济增长，增强对市民、企业和投资者的吸引力。华为技术有限公司具备云计算、大数据、物联网、人工智能等方面的技术创新能力，拥有帮助城市构建未来发展方向的经验与实力，这促成了华为技术有限公司与杜伊斯堡在智慧城市项目中的合作。

　　在云计算基础设施层面，华为技术有限公司提供技术的"莱茵云"为杜伊斯堡城市云化战略提供了基础平台，推动了电子政务、交通、物联网、统一通信等领域的技术创新及落地，实现了以"智慧基础"搭建为主的"智慧杜伊斯堡 1.0"建设。

　　在物联网层面，杜伊斯堡市将会使用华为 5G、Wi-Fi、WLAN 等连接技术和物联网平台，实现城市部件实时感知，构建连接交通、物流、电力、工业制造等城市设施的"神经网络"，助力智慧生活、自动驾驶、智慧路灯、智慧停车、智能城市运营等落地，进入以"智慧体验"为基础的"智慧杜伊斯堡 2.0"时代。

4. 智能电网

　　随着智能电网的快速发展，其网络部署异构化和业务需求的增长，对电力无线传输技术提出了更为广泛的网络服务和更高的数据传输速率等要求。

　　智能电网旨在建立完全自动化的电力传输网络，用于监控每个用户和电网节带的运行状态，保证电力系统的安全稳定运行，并实现电能与信息的双向传输。我国现有智能电网的建设已初具规模，可以通过卫星、微波、光缆等多种通信手段构建立体交叉的通信网络。随着无线通信技术的发展，其大带宽、长距离的传输优势将填补现有智能电网单一的通信方式，大大提升了智能电网的传输可靠性。

　　智能电网与传统电网相比，其智能体现在两个方面，即核心网络的优化和智能应用的发展。在核心网络方面，传统的电力系统结构经过集中的输电及配电设施将电力从发电端送到终端负载用户，其供电具有集中的特性。基于以太阳能、风能为代表的新能源技术的发展，终端负载呈现间歇性和随机性供电的特点，也需要更为智能的供电网络。在智能应用方面，随着物联网技术的发展，基于物联网的输电线路检测已得到广泛的关注。为了构建以信息化、自动化、数字化为特征的智能电网，电气电子工程师学会（Institute of Electrical and Electronics Engineers，IEEE）制定了包含能源技术、信息技术、电力系统设计的智能电网互操作指南。结合物联网技术所设计的输电线检测，可以实时监控供电系统的运行状态、对外绝缘情况、导线温度、系统负载等，及时发现缺陷，避免安全隐患。

　　【例 2-7】南方电网：全国首个 LTE 智能电网。

　　南方电网配网类业务因具有分布范围广、通信点多、通信设备工作环境较差的特征，信息化建设难度相对较大。南方电网从 2011 年下半年起开始了无线智能电网的小规模建设试点，并采用了时分 LTE 技术。

针对南方电网珠海电力配网自动化业务的需求，华为技术有限公司提出了超宽带无线智能电网解决方案。该解决方案基于 4G 技术，根据配电自动化、计量自动化及配电网视频监控业务等需求而研发。

华为超宽带无线智能电网解决方案利用行业专用无线频段（1785～1805MHz），能够在非视距的条件下为用户提供固定及移动应用场景下的高带宽无线数据接入业务及应急通信、视频监控等多种增值业务，针对电网业务的行业化需求提供了大容量、低延时和高可靠的无线服务。电网智能化程度的提高有效提升了现有网络的运维效率，改善了供电方式，促进了节能降耗。

5. 智能工厂

在物联网、云计算的发展应用热潮下，制造业也迎来了新的机遇，越来越多的企业开始认识到建造智能工厂的重要性，工业 4.0 时代已然到来。工业 4.0 的兴起是信息技术领域的一场变革，是从自动化生产向智能化生产的转变，随着工业 4.0 时代的到来，传统的技术手段已经不能满足企业的需求，智能制造势在必行。智能工厂是一个柔性系统，能够自行优化整个网络的表现，自适应并实时或准实时地学习新的环境条件，并自动运行整个生产流程。

互联是智能工厂的重要特征之一，可靠的互联可以持续更新传感器的位置及数据信息，及早预测并制止异常情况的发生；高速的互联可以提供生产商与客户间的实时数据协作，提供可预测的生产力，提升生产效率；而无所不在的互联可以提供多部门间的协作，进行产品改造，动态配置工厂布局。

【例 2-8】华为技术有限公司助力中国石油化工集团有限公司（以下简称中国石化）打造智能工厂。

中国石化是中国最大的一体化能源化工企业之一，早在 2013 年就启动了智能工厂的建设工作，并联合华为技术有限公司一同构筑了中国石化智能工厂。

智能工厂在构建过程中通过大数据和机器学习算法来采集炼化生产过程中的信息，保障油品的质量，优化炼化生产中的化学反应过程，动态调节炼化过程中原油、燃料和催化剂的用量，以达到产耗最优；建立设备运行/运维经验模型，通过实时监控，对资产设备的非正常状态进行预判，实现预测性维护，降低运维成本，避免非计划停机导致的巨额损失。目前，试点中的中国石化智能工厂建设都取得了明显成效，实现了生产过程全流程优化，有效提升了劳动生产力。

作为解决方案供应商，华为技术有限公司在油气领域已经有十分成熟的系列解决方案，包括数字油田解决方案、海上油田通信解决方案、数字管道解决方案、智能炼化解决方案和智慧销售解决方案等，涉及无线通信技术、物联网、服务器、高端存储、高性能计算、云数据中心、公有云及企业云通信等多系列产品。目前，华为技术有限公司正服务于全球 60% 的顶尖油气企业，覆盖 41% 的主要能源国家和地区。

【例 2-9】华为技术有限公司助比亚迪股份有限公司打造智能工厂。

近年来，中国汽车行业通过持续创新与不懈努力，已逐渐引领国内汽车企业走向国际市场。比亚迪股份有限公司作为新能源汽车的领军企业，坚持自主品牌、自主研发、自主发展的商业模式，以"打造民族的世界级汽车品牌"为产业目标，已快速成长为具有创新意识的新锐民族自主汽车品牌，更以独特技术领先于全球新能源车市场。

在智能工厂的构建中，华为技术有限公司为比亚迪股份有限公司定制了两套一体机系统，比亚迪股份有限公司采用了集企业资源规划系统、企业生产执行系统及仓库管理系统等多功能于一体的解决方案，部分重要业务功能的响应时间从 1～2min 缩短到十几秒，生产综合查询时间缩短到原来的 1/10，数据库的性能比原先提升 10 倍以上，实现了快速响应的目标。不仅如此，在全连接方面，该解决方案通过对历史库存数据、物料追溯和生产良率等的分析，实现了生产数据的实时共享，从而满足了对生产、制造、经营数据的实时分析需求，大大提升了企业竞争力。

5G 的应用或许远不止上文提及的 5 个方面，它已渗入人们生活的点点滴滴。同时，物联网行业在近年得到了飞速的发展，其应用已遍布社会的各个领域。移动通信的每一次更新换代都将会从通信能力、通信理念及其适用范围等诸多方面改变人们的生活，而人们对于生活的期待又会对移动通信提出新的需求，新的需求必然又催生新的技术，这就是社会变革的原动力。

2.4　本章小结

本章从移动通信的发展入手，介绍了移动通信技术标准的研发和制定过程。作为铺垫，本章讨论了从第一代模拟通信系统到第四代宽带高速移动通信系统的发展过程，并着重介绍了 5G 系统的研究近况。国际标准化组织 3GPP 从多个角度定义了 5G 系统的性能指标，包括吞吐率、延时、连接密度和频谱效率等，并根据具体的应用定义了 3 种不同的业务场景。

2.5　课后习题

1．单项选择题

（1）国际电信联盟的英文缩写是（　　　）。

　　A．IMT　　　　　B．ITU　　　　　C．RAN　　　　　D．CCSA

（2）下列（　　　）组织负责管理和协调国际无线电频谱资源的分配。

　　A．ITU-R　　　　B．ITU-T　　　　C．ITU-D　　　　D．IETF

（3）下列（　　　）是指第五代移动通信。

　　A．IMT-Advanced　B．LTE　　　　　C．IMT-2000　　　D．IMT-2020

2. 多项选择题

（1）下列对 5G 网络性能的描述中正确的是（　　）。

    A. 平均速率达到 10Gbit/s　　　　　B. 支持 500km/h 移动速度下的用户通信

    C. 系统延时不超过 1ms　　　　　　D. 支持高密度高能效连接

（2）下列（　　）是 5G 定义的新场景。

    A. 增强型移动宽带业务场景　　　　B. 海量机器类通信业务场景

    C. 高可靠低延时连接业务场景　　　D. 高清电视及视频业务场景

（3）下列（　　）属于 5G 中的新技术。

    A. 大规模天线阵列技术　　　　　　B. 超密集组网技术

    C. 全频谱接入技术　　　　　　　　D. 网络切片技术

3. 简答题

（1）请简述蓝牙技术的优点。

（2）国际电信联盟的主要工作职责是什么？

（3）信号在无线空间中传播时，会受到哪些因素的影响？

（4）请简述 3GPP 的工作范围。

（5）结合图 2-3 比较 5G 与 4G 的性能差异。

（6）2.3 节中给出了 5G 的新应用，请结合生活谈一谈自己的看法。

第 3 章
信道编码技术

03

当人们拿起手机打电话时，数据信息通过无线信号在手机和基站间传输。由于无线信道中存在障碍物、干扰电波等多种不确定的因素，发射的信号和接收到的信号会出现判决上的错误。例如，发射的比特流是 0101001，而接收端判决后的输出却是 0101011，这就是因为发生了传输的错误。为了尽可能得到正确的信息，最简单直接的方式当然是多传输几次，即让发射端多次发射相同的信息，这样每一次接收端收到的信息会有重复的，接收端可以根据几次重复的接收信号判断正确的发射信号。但是，这样做的效率很低，如何才能让信息更有效和正确地在信道中传输呢？这就是信道编码需要解决的问题。信道编码技术通过某种映射将原本的信息序列变换成更适合特定信道传输的新的序列，可以提高接收端在解码时的正确概率。

在学习具体的信道编码方案之前，需要先了解编码的原理：按照什么样的映射关系可以得到性能更好的编码方案，用什么样的衡量标准可以评价编码后信号的性能，等等。本章先通过引入汉明距的概念，并通过简单的理论分析，比较编码前后序列汉明距的差别，帮助读者了解信道编码中纠错和检错的原理；再介绍具体的编码方案，包括一些较常见的卷积码、Turbo 码编码方案，并详细介绍 5G 系统中的信道编码策略及应用。

学习目标

① 了解信道编码的概念，掌握编码的准则及编码性能的衡量标准。

② 了解基本的编码方案，掌握卷积码、Turbo 码的编码原理及解码方案。

③ 了解 5G 系统中新的编码方案，了解 LDPC 编码及极化码编码的原理，掌握 LDPC 编码及极化码在 5G 系统中的应用。

3.1 信道编码

数字信号在无线信道中传输时会受到信道噪声、信道畸变及干扰信号的影响，可能导致接收端判决出错。信道编码是为了保证通信系统的传输可靠性、克服信道中的噪声和干扰而专门设计的一类抗干扰技术和方法，通过在待发射的信息码元中加入必要且尽量少的监督码元来引入一定的信息冗余，使数据对传输信道上存在的干扰更加稳健；在接收端可以利用这些冗余发现和纠正错误，以提高码元传输的可靠性。所谓冗余，是指多余的、重复的内容。例如，要在一张纸条上传递一串数字"12345678"，但是在传递过程中纸条被弄脏了，有几个数字看不清楚，传输出现了错误。如果把这张纸条多复制几遍、多传几次，接收端综合利用和分析多次接收的信息，就会有更高的概率获取正确的数字。

信道编码是数字通信系统中的重要组成部分，它可以提高信道传输的可靠性，降低系统的错误率。

3.1.1 编译码原理

要研究编码过程，首先要了解比特（bit）的概念。比特是信息量的度量单位，二进制信息序列每一位所包含的信息就是 1bit，例如，二进制数 011100 就是 6bit，而 00111010 是 8bit。

1. 编码原理

在信道编码中，输入和输出都是二进制信息序列，其长度可以用比特来表示。若 m 个信息比特经过编码器编码后输出 k bit，则将这 m bit 称为原信号，输出的 k bit 称为编码信号。若 $k>m$，那么编码之后的长度大于原信号的长度，编码信号相对于原信号而言是有冗余的。

为便于研究，编码过程中定义了编码速率，编码速率就是原信号的长度与编码后输出信号长度的比值。一般来说，信道的编码速率总是小于 1 的，即经过信道编码后一般会多传输一些信息，这些多出的比特中将包含冗余信息，即重复的信息，重复的信息越多，编码信号的可靠性就会越高，但效率也会随之降低。这些多出的信息位称为监督位，信道编码通过在新产生的编码信号中引入监督位，使当原信号中少量几位出现错误时，仍可以进行判别或纠正。

编码后的信号为什么会具有一定的纠错和检错能力呢？这可以从汉明距的概念进行讨论。汉明距是一个重要的概念，在信道编码技术中常根据编码信号的汉明距的大小来判断该编码方案的优劣。在一组信号集合中，两个不相同的信号之间汉明距的最小值称为该组信号的最小汉明距。

【定义 3-1】用 m_1、m_2 表示两个长度相同的信号，m_1 和 m_2 的汉明距是指信号 m_1、m_2 中对应位置数值不同的比特个数，用 $d(m_1, m_2)$ 表示。对二进制信号而言，两个信号的汉明距可以表示为 $d(m_1, m_1) = \sum m_1(k) \oplus m_2(k)$，其中，$\oplus$ 是比特异或运算。

例如，已知 $m_1 = \{10101101\}$，$m_2 = \{10110101\}$，则 $d(m_1, m_2) = 2$。也就是说，在 m_1 和 m_2 中，有两个位的数值不相同。

汉明距也称最小距离，其具有以下特性。

（1）对于任意信号 m_1 而言，$d(m_1, m_1)$ 恒等于零。

（2）对于任意信号 m_1、m_2 而言，$d(m_1, m_2) = d(m_2, m_1)$。

（3）对于任意信号 m_1、m_2、m_3 而言，$d(m_1,m_2)+d(m_2,m_3) \geqslant d(m_1,m_3)$。假设 m_1、m_2、m_3 是等长的信号，长度为 N，其分别表示为 $m_1=\left\{m_1^1,m_1^2,\cdots,m_1^N\right\}$，$m_2=\left\{m_2^1,m_2^2,\cdots,m_2^N\right\}$，$m_3=\left\{m_3^1,m_3^2,\cdots,m_3^N\right\}$，那么对于任意第 j bit 而言，存在以下 4 种情况。

① 若 $m_1^j=m_2^j$，$m_2^j=m_3^j$，则 $m_1^j=m_3^j$。

② 若 $m_1^j=m_2^j$，$m_2^j \neq m_3^j$，则 $m_1^j \neq m_3^j$。

③ 若 $m_1^j \neq m_2^j$，$m_2^j=m_3^j$，则 $m_1^j \neq m_3^j$。

④ 若 $m_1^j \neq m_2^j$，$m_2^j \neq m_3^j$，则 m_1^j 和 m_3^j 有可能相同，也有可能不同。

故有 $d(m_1,m_2)+d(m_2,m_3) \geqslant d(m_1,m_3)$。

为了判断信号是否出现错误，人们在数字通信中引入了校验的概念。最简单的校验方法就是奇偶校验，其通过增加一个冗余位使得序列中 1 的个数恒为奇数或偶数。在经过编码后，输出信号的最小汉明距越大，在同样的条件下，接收端越不容易发生误判，该组信号抗干扰的能力越强。例如，常见的奇偶校验码就是通过增加一位冗余将信号的最小汉明距从 1 增加到 2，使其具有一定的检错能力。

一个二进制序列，如果它的码元有奇数个 1，则称其具有奇性；如果其码元有偶数个 1 则称其具有偶性。例如，序列 10110101 有 5 个 1，因此，这个序列具有奇性；序列 10100101 有 4 个 1，则其具有偶性。基于此，通过给每一个序列增加一个校验位，可以构成奇偶特性。

奇偶校验码是一种最简单的检错编码方式，特别适用于以随机错误为主的通信系统。奇偶校验码又称为奇偶监督码，是奇校验码和偶校验码的统称。每一个奇偶校验码包含 $n$bit 的信息码元和 1bit 的校验码元。奇偶校验的编码规则是将所传输的数据码元分成组，在每组数据后附加一位监督位，若连同监督位在内该组码元中 1 的个数为偶数，则称其为偶校验；若连同监督位在内该组码元中 1 的个数为奇数，则称其为奇校验。

奇偶校验码的监督关系可以用式（3-1）来表示。假设编码后信号的长度为 n，编码信号中的码元为 a_{n-1}、a_{n-2}、$\cdots$、a_1、a_0，其中前 $n-1$ 位为信息码元，最后一位 a_0 为监督码元，那么码元之间的监督关系满足

偶校验：$a_0 \oplus a_1 \oplus \cdots \oplus a_{n-1}=0$

奇校验：$a_0 \oplus a_1 \oplus \cdots \oplus a_{n-1}=1$ （3-1）

则监督码元可以通过式（3-2）获得。

偶校验：$a_0=a_1 \oplus a_2 \oplus \cdots \oplus a_{n-1}$

奇校验：$a_0=a_1 \oplus a_2 \oplus \cdots \oplus a_{n-1} \oplus 1$ （3-2）

例如，信息码元 10110101 生成的奇校验码是 101101010，偶校验码是 101101011。

2. 译码原理

发射端进行信道编码的操作后，接收端需要从编码后的信号中恢复或提取原信号，这就是信道译码的工作。也就是说，编码产生了冗余的信息，而译码则需要从冗余的信息中检查或纠正错误。

最直接的一种信道译码方式是根据最小距离准则完成译码的工作。最小距离准则是指，将接收的信号与发射信号集中的所有信号进行比较，找出最相似（即汉明距最短）的那一个信号作为其译码输出。

仍然以奇偶校验码为例，发射端和接收端已约定好采用的校验形式（奇校验或偶校验），因此通过接收信号每组码元中 1bit 的奇偶个数可以判断信号是否出现了错误。当然，奇偶校验码是最简单的校验码，只能够判断当前分组中是否有奇数个码元出现了错误。若分组中出现错误的码元个数为偶数，则奇偶校验失效。而且，即使当前分组中只有奇数个码元出现了错误，通过奇偶校验也没有办法得知是哪一位出现了错误，自然也无法在接收端自动更正这个错误。

【定理 3.1】若用 ψ 代表编码后的信号集合，其最小汉明距为 d，那么当 ψ 中任意一个信号出现不多于 $d-1$ 个错误时，都可以被检测出来。

定理 3.1 可以通过图 3-1 来解释。ψ 集合中信号的最小距离为 d，所以若接收信号 v_1 中出现小于或等于 $d-1$ 位的错误，则信号 v_1 并不会被误判为其他信号，系统可以检测出该信号是一个错误的信号。需要注意的是，此时系统只能判断该信号是一个错误信号，并不一定能纠正该信号。从图 3-1 可以看出，当发射的正确信号出现错误时，接收信号将偏离原本的位置，只要错误的比特数不大于 $d-1$，那么该错误信号不会与其他正确的信号相同，此时将产生一个 ψ 集之外的新信号，而且这个信号一定是错误的。

☆ 正确的信号

◇ 临近的其他信号

△ 接收的信号

图 3-1　纠错原理示意图

【例 3-1】已知信号集合 $\psi = \{(0011),(1100),(1010),(0101)\}$，试求其最小汉明距，并判断接收信号 $v_1 = (0100)$ 是否是正确信号。

分析：

（1）信号集合 ψ 中包含 4 个信号，可以分别计算它们之间的汉明距，例如，（0011）与（1100）之间的汉明距为 4，（0011）与（1010）的汉明距为 2。通过计算可以得到，该信号集的最小汉明距为 2。

（2）接收信号 $v_1 = (0100)$ 并不是信号集中的任何一个信号，因此不是一个正确的信号。如果该接收信号中只有 1bit 错误，那么该信号可能是信号（1100）或信号（0101）。也就是说，该信道编码只能检测到 1bit 的错误，但无法纠正错误。

【**定理 3.2**】若用 ψ 代表编码后的信号集合，其最小汉明距为 d ， $d=2t+1$ ；那么当 ψ 中任意一个信号出现不多于 t 个错误时，可以纠正错误。

这里仍从几何的角度来解释。若发射端发射的信号为 v_1 ，接收端接收的信号为 r_1 ，那么当 r_1 中出现 t 个错误时， r_1 落在距离 v_1 半径为 t 的圆上。信号集 ψ 的最小汉明距为 d ，也就是说，信号集中距离 v_1 最近的其他任意信号 v_2 到接收信号 r_1 的最近距离为 $d-t$ 。若 $d=2t+1$ ，那么 r_1 到 v_2 的最近距离为 $t+1$ 。根据最小汉明距译码准则，系统将判断 r_1 对应的发射端源信号为 v_1 。此时，接收端纠正了传输过程中的错误，判断出正确的发射信号为 v_1 。同样，经过分析可以发现，当 r_1 中出现的错误位数小于 t 时， r_1 与 v_1 的距离更近，与信号集中其他信号的距离更远，因此接收端仍然可以纠正这些错误，判断出正确的发射信号为 v_1 ，图 3-2 所示为检错原理示意图。

图 3-2　检错原理示意图

【**例 3-2**】已知信号集合 $\psi_1=\{(001100),(110000),(101011),(010111)\}$ ，试求其最小汉明距，并判断接收信号 $v_1=(010000)$ 是否是一个正确的信号。

分析：

（1）与例 3-1 类似，可以计算每两个信号之间的汉明距，如（001100）与（110000）之间的汉明距为 4，（001100）与（101011）的汉明距为 4，（001100）与（010111）的汉明距也为 4。通过计算可以得到，该编码集合的最小汉明距为 4。

（2）接收信号 $v_1=(010000)$ 并不是信号集中的任何一个信号，因此不是一个正确的信号。接收信号 v_1 与信号集合 ψ 中的（110000）最接近，因此可以将 v_1 判断为（110000）。如果 v_1 中只有 1bit 的错误，那么该判断可以检测出 v_1 中的错误，并将其判定为正确的信号。

细心观察可以发现，信号集合 ψ_1 可以看作信号集合 ψ 信道编码之后的结果。例如，用 (a_1,a_2,a_3,a_4) 表示集合 ψ 中的信号，用 $(a_1,a_2,a_3,a_4,b_1,b_2)$ 表示集合 ψ_1 中的信号，可以发现，在集合 ψ_1 中 b_1 和 b_2 其实是冗余的， b_1 是 a_1 和 a_2 的异或， b_2 是 a_3 和 a_4 的异或。也就是说， b_1 和 b_2 并不是独立的，而是由前面的 4bit 决定的，这就是编码的过程。因为 ψ_1 信号集合引入了 2bit 的冗余，所以 ψ_1 信号集合的最小汉明距增加了，纠错和检错的能力也增加了。

编码后的信号与原信号相比加入了冗余的信息，因此即使信号发生了为数不多的几位错误，也能依靠冗余信息进行纠正或检测，且编码信号的纠错、检错能力取决于该码的最小汉明距，即最小距离。

3. 信道编码的分类与发展

（1）信道编码的分类。

① 按照编码所完成的功能，可以将其分为检错码和纠错码。检错码只能够实现编码错误检测的功能，即判断所接收的码元是否正确。纠错码可以实现错误码元的纠正，但其纠正错误的能力也因编码方式的差异而有所不同。

② 按照编码中信息码元与附加监督码元之间的关系，可以将信道编码分为线性码和非线性码。线性码是指监督码元与信息码元之间呈线性关系，即满足一组线性方程的编码，反之则称为非线性码。

（2）信道编码的发展。

美国数学家理查德·汉明（Richard Hamming）提出了第一个实用的前向纠错码（Forward Error Coding，FEC）方案——汉明码（Hamming Code，HC）。采用前向纠错码进行编码，接收端不但能发现差错，而且能确定二进制码元发生错误的比特位并加以纠正。汉明码具有多种编码形式，根据实际场景的需求产生不同的编码。通常可以用 (k, m) 的格式定义汉明码的编码方式，其中，k 是整个码的长度，m 是码中信息比特位的长度。汉明码属于线性纠错码，常用的（7,4）汉明码可以检测 2bit 的错误或更正 1bit 的错误。在（7,4）汉明码中，如表 3-1 所示，每 4bit 信息码元需要加入 3bit 冗余码元，因此编码效率并不高。

表 3-1 　　　　　　　　　　　　（7,4）汉明码的全部序列

序号	信息码元	冗余码元	序号	信息码元	冗余码元
1	0000	000	9	1000	111
2	0001	011	10	1001	100
3	0010	101	11	1010	010
4	0011	110	12	1011	001
5	0100	110	13	1100	001
6	0101	101	14	1101	010
7	0110	011	15	1110	100
8	0111	000	16	1111	111

循环冗余校验（Cyclic Redundancy Check，CRC）码也是一种具有检错、纠错能力的线性纠错码。循环冗余校验码的序列具有循环移位特性，简单的编译码结构使其获得了广泛应用。CRC 码元由信息码元和校验码元两个部分组成，仍然可以用 (k, m) 的形式描述。

上述几种信道编码方式都属于分组码。分组码具有一个共同的特点，即编码后的信号可以被分为两个部分，第一部分是信息码元，第二部分是冗余监督码元，表示为 (k, m) 的形式，其中，k 是输出序列的长度，也就是信息码元和监督码元的总长度；m 是输入序列的长度，也就是信息码元的长度。当分组码的信息码元与监督码元之间为线性关系时，则称其为线性分组码。汉明码和循环冗余校验码都属于线性分组码。

线性分组码监督码元和信息码元之间呈线性关系，因此可以用矩阵或线性多项式来描述。以（7,4）汉明码为例，前 4 位是信息码元，用 a_1、a_2、a_3、a_4 表示；后 3 位是监督码元，用 b_1、b_2、b_3 表示，其中 b_1、b_2、b_3 与信息码元 a_1、a_2、a_3、a_4 的关系可以描述为

$$\begin{cases} b_1 = a_1 \oplus a_2 \oplus a_4 \\ b_2 = a_2 \oplus a_3 \oplus a_4 \\ b_3 = a_1 \oplus a_2 \oplus a_3 \end{cases} \tag{3-3}$$

因此，系统编码后的输出可以表示为

$$v = [a_1, a_2, a_3, a_4, a_1 \oplus a_2 \oplus a_4, a_2 \oplus a_3 \oplus a_4, a_1 \oplus a_2 \oplus a_3] \tag{3-4}$$

即

$$\begin{cases} v_i = a_i & i = 1,2,3,4 \\ v_{i+4} = b_i & i = 1,2,3 \end{cases} \tag{3-5a}$$

$$\tag{3-5b}$$

式（3-4）也可以表示为矩阵和向量的形式，即

$$v = [AG]_{\mathrm{mod}\,2} \tag{3-6}$$

其中，A 是信息码元，表示为 $A = [a_1, a_2, a_3, a_4]$，v 是编码信号，$[\ ]_{\mathrm{mod}\,2}$ 代表模 2 运算，G 称

为该（7,4）汉明码的生成矩阵，且 $G = \begin{bmatrix} 1 & 0 & 0 & 0 & 1 & 0 & 1 \\ 0 & 1 & 0 & 0 & 1 & 1 & 1 \\ 0 & 0 & 1 & 0 & 1 & 1 & 0 \\ 0 & 0 & 0 & 1 & 0 & 1 & 1 \end{bmatrix}$，根据生成矩阵可以得到任意信息

码元编码后的输出，如信息码元 $A = \begin{bmatrix} 1 & 0 & 0 & 1 \end{bmatrix}$，则编码信号为 $v = \begin{bmatrix} 1 & 0 & 0 & 1 & 0 & 1 & 0 \end{bmatrix}$。

观察 G 的结构可以发现，G 的左半部分是一个单位阵，即 $G = [I_{4\times4}, P_{3\times4}]$。这是因为编码信号的前 4 位就是信息码元本身，并没有经过任何处理。这样的线性分组码也称为系统码。当然，这样的特点并不是一定存在的，G 矩阵可以任意构造，若不满足上述特点，则称为非系统码。

把式（3-3）代入式（3-5）可以得到

$$v_5 = v_1 \oplus v_2 \oplus v_4, v_6 = v_2 \oplus v_3 \oplus v_4, v_7 = v_1 \oplus v_2 \oplus v_3 \tag{3-7}$$

即

$$v_5 \oplus v_1 \oplus v_2 \oplus v_4 = 0 , \quad v_6 \oplus v_2 \oplus v_3 \oplus v_4 = 0 , \quad v_7 \oplus v_1 \oplus v_2 \oplus v_3 = 0 \tag{3-8}$$

对于任意一个（7,4）汉明码，其序列中的码元必须满足式（3-8）中的 3 个等式，否则这个序列就是错误的。式（3-8）可以用来检测序列的正确与否，对序列起着监督的作用，因此，式（3-8）也称为监督方程。式（3-8）也可以用矩阵的形式描述，即

$$\left(\begin{bmatrix} 1 & 1 & 1 & 0 & 1 & 0 & 0 \\ 0 & 1 & 1 & 1 & 0 & 1 & 0 \\ 1 & 1 & 0 & 1 & 0 & 0 & 1 \end{bmatrix} v^{\mathrm{T}} \right)_{\mathrm{mod}\,2} = 0 \tag{3-9}$$

即

$$[Hv]_{\mathrm{mod}\,2} = 0 \qquad\qquad (3\text{-}10)$$

其中，$H = \begin{bmatrix} 1 & 1 & 1 & 0 & 1 & 0 & 0 \\ 0 & 1 & 1 & 1 & 0 & 1 & 0 \\ 1 & 1 & 0 & 1 & 0 & 0 & 1 \end{bmatrix}$，称为监督矩阵，$[\ ]_{\mathrm{mod}\,2}$ 是模 2 运算。仔细观测监督矩阵的结构可以看出，$H = [P_{3\times4}, I_{3\times3}]$。当然，这样的结构也不是一定的。只有当序列的构造为系统码时，H 才满足上述特点；当序列的构造为非系统码时，H 可以是任意结构。

观察表 3-1 中的（7,4）汉明码会发现，当信息码元中有 1bit 的差别时，编码后的码字将有 3bit 不相同。因此，原信号每个序列的汉明距为 1，而（7,4）汉明码通过编码将汉明距增加到了 3，从而可以实现 2bit 的检错或 1bit 的纠错。

例如，原信号是{0000}，编码信号为{0000000}，若其传输过程中出现了 1bit 的错误变为了 {0001000}，此时通过监督矩阵将发现其不符合式（3-7），因此{0001000}是错误的序列，再找到距离{0001000}最近的（7,4）汉明码{0000000}，即可以将这 1bit 的错误纠正过来；若信号在传输过程中出现了 2bit 的错误变成了 {0001001}，此时，通过监督矩阵仍将发现其不符合式（3-7），因此{0001001}也是错误的序列，通过寻找距离{0001001}最近的（7,4）汉明码也无法将其正确地恢复为原信号。

【例 3-3】考虑一个（7,3）线性分组码，其生成矩阵为 $G = \begin{bmatrix} 1 & 1 & 0 & 1 & 1 & 0 & 0 \\ 0 & 1 & 1 & 1 & 0 & 1 & 0 \\ 1 & 0 & 1 & 1 & 0 & 0 & 1 \end{bmatrix}$，试给出其所有编码序列。

分析：

根据题意，（7,3）线性分组码原信号是 3bit，编码信号是 7bit，因此，原信号可以用 v 表示，$v \in \Phi_1$，$\Phi_1 = \{(000),(001),(010),(011),(100),(101),(110),(111)\}$，则其输出 y 可以表示为 $y = Gv$，如表 3-2 所示。

表 3–2 　　　　　　　　　　例 3-3 中（7,3）线性分组码编码

序号	信息码元	编码码元	序号	信息码元	编码码元
1	000	0000000	5	100	1101100
2	001	1011001	6	101	0110010
3	010	0110010	7	110	1000110
4	011	1100011	8	111	0001111

上述（7,3）线性分组码最小汉明距为 3，因此当接收到的编码序列出现 2bit 的错误时，系统将可以发现这个错误，若只有 1bit 出现了错误，那么系统可以根据就近原理恢复出正确的信息序列。

例如，发射端的信息序列为（000），其编码后得到的编码序列为（0000000），传输的过程

中出现了 1bit 的错误而成为（0100000），在译码的过程中会发现序列（0100000）不属于任何一个 3bit 输入信息序列的输出序列，接收端将根据最小距离准则，为其找到最接近的原信息序列（000）进行译码。此时，系统接收到的信息将是正确的。

再如，发射端的信息序列为（101），对应的编码序列为（0110010），其在传输的过程中出现了 2bit 的错误，接收端也接收到了序列（0100000）。那么，接收端仍然可以发现这个序列是错误的，仍将根据最小距离准则，为其找到最接近的原信息序列（000）进行译码。此时，系统就出现了传输错误。由此可以看出，信道编码中引入的冗余越多，出现误传的概率就越小。

3.1.2 卷积码及其应用

分组码将信息序列进行分组后，每一组都可以进行独立的编码，操作简单，可以进行并行化处理。但是，接收端必须等待每个分组的整体序列全部接收之后才能开始进行译码，因此不可避免地会出现延时。卷积码的出现改变了分组码一统天下的格局，为信道编码技术注入了新的活力。

与分组码的编码方式不同，卷积码可以通过编码运算将连续的输入序列映射为连续的输出序列，在性能上优于分组码，和分组码相比更容易实现，特别是其译码极大地降低了实现的复杂度，因此得到了广泛的应用。

1. 卷积码的编码

首先，这里用 (n, k, m) 定义卷积码的编码参数。其中，n 是输出序列的长度，k 是输入序列的长度，m 是编码的最大记忆单元。与分组码不同，卷积码的输出不但与当前的输入有关，而且与前 m 个输入有关，因此，m 也是卷积编码器中记忆单元的个数。衡量卷积码的性能有一个重要的参数——约束长度。约束长度通常用 Q 表示，定义为 $Q = n \times (m+1)$。

在卷积码的编码过程中，任意一个输入的码元最大可以影响到第 $m+1$ 个时隙的输出，因此，任意一个输入码元将会对编码后的 $Q = n \times (m+1)$ 个输出码元产生影响。

图 3-3 所示为卷积编码器示意图，编码前后输入/输出信号分别用矢量 $\boldsymbol{x}(i)$ 和 $\boldsymbol{y}(i)$ 表示。假设编码器的输入信号矢量为 $\boldsymbol{x}(i) = [x_1(i), x_2(i), \cdots, x_n(i)]$，输出信号矢量为 $\boldsymbol{y}(i) = [y_1(i), y_2(i), \cdots, y_k(i)]$。此时，卷积码的编码速率为 $R = \dfrac{n}{k}$。

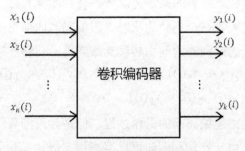

图 3-3　卷积编码器示意图

与分组码不同，卷积码内部具有 m 个矢量寄存器，也称为记忆单元。描述卷积码编码器的方法有很多，如矩阵法、多项式、状态转移图和网格图等，图 3-4 所示为卷积编码器实现框图，前 m 个时刻输入卷积编码器的信号并没有被丢弃，而是存储在编码器内部。编码器当前的输出是由当前的输入及前 m 个时刻的输入通过某种映射关系产生的，可以用一组矩阵 $\{G_0, G_1, \cdots, G_m\}$ 来表示这样的映射关系，这样的描述方法称为矩阵法。此时，编码器输入和输出之间的信号可以描述为

$$y(i) = \sum_{j=0}^{m} x(i-j) G_j \tag{3-11}$$

其中，G_m 是一个 $k \times n$ 维的矩阵，可以表示为

$$G_m = \begin{bmatrix} g_m^{1,1} & g_m^{1,2} & \cdots & g_m^{1,k} \\ g_m^{2,1} & g_m^{2,2} & \ddots & g_m^{2,k} \\ \vdots & \vdots & \ddots & \vdots \\ g_m^{n,1} & g_m^{n,2} & \cdots & g_m^{n,k} \end{bmatrix}_{n \times k} \tag{3-12}$$

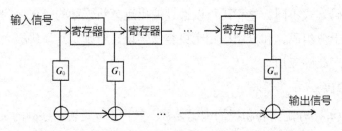

图 3-4　卷积编码器实现框图

从式（3-11）可以看出，卷积编码器的输出信号可以表示为输入信号与矩阵序列 $\{G_0, G_1, \cdots, G_m\}$ 的卷积和，这样的卷积计算可以利用有限脉冲响应滤波器的结构实现。

式（3-11）还可以表示为

$$y_k(i) = \sum_{p=1}^{n} x_p g_{p,k} \tag{3-13}$$

其中，x_p 是一个矢量，$g_{p,k}$ 也是一个矢量，$g_{p,k} = \left[g_0^{p,k}, g_1^{p,k}, \cdots, g_m^{p,k} \right]$，称为生成多项式矩阵，式（3-13）即称为卷积码的多项式描述。多项式描述法也是卷积编码常用的一种描述形式。

卷积编码器还可以通过状态转移图来描述。状态转移图具有以下两个特性。

（1）用圆圈内的数字代表每一个不同的状态，即编码器内部每一个存储器的数值。

（2）每一个代表不同状态的圆圈之间由转移支路连接，转移支路标记了当前输入和输出的数值，例如，输入为 $(x_1(i), x_2(i), \cdots, x_n(i))$，输出为 $(y_1(i), y_2(i), \cdots, y_k(i))$，则此时转移支路上可以标记为 $(x_1(i), x_2(i), \cdots, x_n(i)) / (y_1(i), y_2(i), \cdots, y_k(i))$。

状态转移图可以完整地描述编码器的工作过程，但是其只能显示状态转移的过程，而不能显示状态转移发生的时刻。由状态转移图还可以得到用来描述卷积码的另一种常用方法——网

格图。网格图就是时间与对应状态的转移图，其中每一个点表示该时刻的状态，状态之间的连线表示状态转移。

【**例 3-4**】图 3-5 给出了一个二进制卷积编码器实现框图，试给出该编码器的编码速率、矩阵描述和生成多项式矩阵，并画出该编码器的状态转移图。

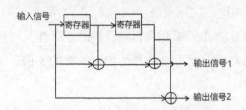

图 3-5　例 3-4 卷积编码器实现框图

分析：

该卷积编码器单个输入产生两个输出，内部有两个寄存器，$k=1$，$n=2$，$m=2$。因此，编码速率为 $R=1/2$。从图中可以得到输入/输出关系为

$$y_1(i) = x(i) + x(i-1) + x(i-2)$$
$$y_2(i) = x(i) + x(i-2)$$

（3-14）

所以 $G_0 = \begin{bmatrix} 1 & 1 \end{bmatrix}$，$G_1 = \begin{bmatrix} 1 & 0 \end{bmatrix}$，$G_2 = \begin{bmatrix} 1 & 1 \end{bmatrix}$。

式（3-13）也可以用矩阵表示为

$$y(i) = \sum_{j=0}^{m} x(i)G_i$$

（3-15）

因为 $m=2$，所以该编码器共有 4 个状态，每一个状态之间由 $(x(i))/(y_1(i), y_2(i))$ 标记的支路连接。图 3-6 给出了例 3-4 所示的卷积编码器的状态转移图。

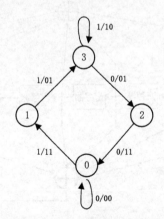

图 3-6　例 3-4 所示的卷积编码器的状态转移图

2. 卷积码的译码

卷积码的译码可以采用两种方式，即代数译码与概率译码。1967 年，CDMA 之父安德鲁·维特比（Andrew Viterbi）等提出了基于最大似然的概率译码方式，其也是目前使用最广泛的卷积码译码方式。

对于用网格图所表示的卷积码，每个码组序列都可以映射为从全零状态出发，经过不同的分支最后回到全零状态的一条路径。在二进制对称信道下，卷积码译码的维特比算法就是根据最大似然准则，利用接收码元序列在网格图上寻找最接近的一条路径。

采用概率译码方式时，理论上要求译码器接收完整的数据后才可以进行判决，译码器存储空间的大小取决于编码长度，这在实际系统中很难实现。实际系统中通常采用截断判决的方法，截断的长度称为译码深度，显然译码深度将影响译码的正确性。一般来说，译码深度的选择与编码的约束长度成正比，通常情况下可以选择为约束长度的 5 倍。

3. 卷积码的应用

卷积码具有更优于分组码的纠错性能，许多通信协议中都引入卷积码作为其信道编码的方案。如无线局域网的物理层通信协议 IEEE 802.11ac 中就采用了二进制卷积码（Binary Convolutional Code，BCC）作为其必选方案。

图 3-7 给出了无线局域网标准 IEEE 802.11ac 中的卷积编码器原理图，若用 $x(i)$ 表示第 i 个时隙编码器的输入，$y_1(i)$ 和 $y_2(i)$ 表示第 i 个时隙编码器的两个输出，那么输出与输入的关系可以表示为

$$\begin{cases} y_1(i) = \sum_{j=0}^{m} g_1(j)x(i-j) \\ y_2(i) = \sum_{j=0}^{m} g_2(j)x(i-j) \end{cases} \tag{3-16}$$

其中，定义 $G_1 = [g_1(1), g_1(2), \cdots, g_1(m)]$，$G_2 = [g_2(1), g_2(2), \cdots, g_2(m)]$。

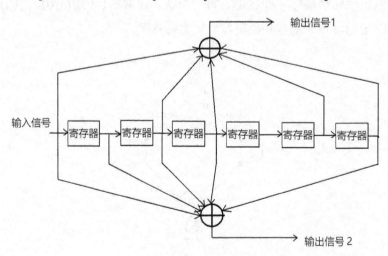

图 3-7　卷积编码器原理图

从图 3-7 中可以看出，$G_1 = [1\ 0\ 1\ 1\ 0\ 1\ 1]$，$G_2 = [1\ 1\ 1\ 1\ 0\ 0\ 1]$。也就是说，$y_1$、$y_2$ 在第 i 时刻的输出不仅与当前时刻 x 的输入有关，还与 x 在前 6 个时隙的输入有关，此时，$n = 2$，$m = 6$，所以卷积编码器的约束长度为 14，也就是说，当前输入的码元的数值会影响后续 14 个输出码元的数值。

上述二进制卷积码编码器中，生成多项式可以描述为

$$\begin{cases} g_1(x) = 1 + x^2 + x^3 + x^5 + x^6 \\ g_2(x) = 1 + x + x^2 + x^3 + x^6 \end{cases}$$

(3-17)

对于图 3-7 中描述的卷积编码器，每 1bit 的输入可以产生 2bit 的输出，此时编码的码率为 $1/2$。在实际系统中，大多数通信协议可以支持不同的编码速率，例如，在无线局域网中，其可以支持 $1/2$、$2/3$、$3/4$ 和 $5/6$ 四种编码速率。尽管采用不同的编码速率，但在无线局域网协议中仍采用相同的编码器实现。

为达到不同的编码速率，将会运用到打孔的技术。打孔的基本思想是采用相同的编码器进行编码，针对不同的码率规定特定位置的比特不进行传输，这样就提高了编码的速率。例如，原信号经过编码后产生 $1/2$ 码率的编码信号，为了实现更高的编码速率，需要从编码后的信号中去除一些信号，以降低冗余度，提升编码效率。对于 $2/3$ 码率的编码信号，每 6 个输入信号对应需要产生 9 个编码信号，因此需要从 $1/2$ 码率的 12 个编码信号中去除 3 个信号，剩余信号的等效编码速率正好等于 $2/3$。

3.1.3 Turbo 码及其应用

Turbo 码是一种非常高效的编码方式，可以获得近似香农界的编码性能。Turbo 码是由克劳德·贝鲁（Claude Berrou）等在 1993 年首次提出的，它由两个并联或串联的编码器组成，并通过迭代运算实现高效的编码。turbo 这个英文单词翻译过来就是涡轮的意思，Turbo 码的基本原理就是采用双设备机制，并利用信息交换机制优化产生新的信息序列。

1. Turbo 码的编码

香农第二定理（有噪信道编码定理）中指出，在含有噪声的通信环境中，当信息的传输速率不超过信道容量时，采用合适的信道编码可以提升传输的可靠性。为了在低差错率条件下达到接近香农容量的传输速率，必须采用足够长的随机编码方式，并采用最大似然解码。而这样的长码在实现中将具有很高的复杂度，增加了实现的难度和代价。Turbo 码的核心思想就是用短码来构造长码，通过对原信号的伪随机交织，实现大约束长度的随机编码。如图 3-8 所示，在大多数情况下，采用递归系统卷积编码器（Recursive System Convolutional，RSC）实现。这里的递归系统卷积编码器 1 和递归系统卷积编码器 2 可以采用相同或不同的结构。

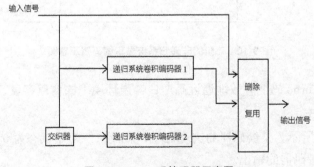

图 3-8 Turbo 码编码器示意图

递归系统卷积编码器由寄存器、加法器和支路传输系数组成，根据支路的方向不同又可以分为前向链路和反馈链路。图 3-9 所示为二阶的递归系统卷积编码器示意图。

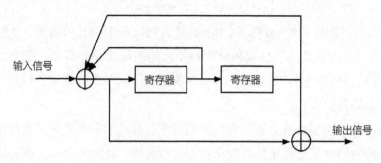

图 3-9 二阶的递归系统卷积编码器示意图

其输入序列 x_k 和输出序列 y_k 之间的关系可以表示为

$$y_k = g(D)x_k \tag{3-18}$$

其中，$g(D)$ 是系统的转移函数，D^k 代表延时 k 个时刻，则有

$$g(D) = \frac{g_1(D)}{g_2(D)} = \frac{D^2+1}{D^2+D+1} \tag{3-19}$$

即

$$y_k + y_{k-1} + y_{k-2} = x_k + x_{k-2} \tag{3-20}$$

若系统中寄存器的个数为 M，则 y_k 在当前时刻的输出不仅与当前的输入 x_k 及 x_k 在前 M 个时刻的输入有关，还与 y_k 在前 M 个时刻的输出有关。而前 M 个时刻 y_k 的输出又与更早之前的 x_k 输入有关。以此类推，任意时刻的输入 x_k 会影响无穷个时刻 y_k 的输出，即任意时刻 x_k 信号的输入会对后序所有输出 y_k 产生影响。这也是在编码器中采用递归结构的特点之一。采用递归结构可以通过增加编码的有效长度而获得更好的编码性能。

对比类似的非递归系统卷积编码器，如图 3-10 所示，会发现其输出 y_k 只与前 M 个时刻的输入 x_k 有关，即任意时刻 x_k 信号的输入只会影响后续 M 个有限时刻的输出。

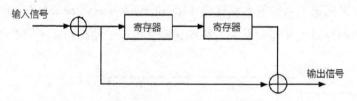

图 3-10 二阶的非递归系统卷积编码器示意图

研究结果表明，Turbo 码能有效地逼近高斯白噪声环境下的信道容量，在 10^{-5}bit 误码率下，与香农界仅相差 0.7dB。

【例 3-5】图 3-11 所示为某编码器的实现框图，假设系统初始状态为 0，试给出当输入码元为 $x_k = \{1,0,1,1,0,1\}$ 时编码器的输出。

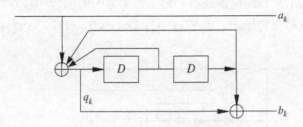

图 3-11 某编码器的实现框图

分析：

如图 3-11 所示，系统在第 k 个时刻的输出 y_k 可以表示为 $y_k = \{a_k, b_k\}$，其中，$a_k = x_k$，

$b_k = g(D)x_k$，$g(D) = \dfrac{g_1(D)}{g_2(D)} = \dfrac{D^2 + 1}{D^2 + D + 1}$。值得注意的是，由于采用了数字信号处理的模 2 运算，

这里的反馈链路是正反馈还是负反馈并不影响最后系统的输出。也就是说，在传输函数 $g(D)$ 中，

分母多项式 $g_2(D)$ 既可以写成 $g_2(D) = D^2 + D + 1$，又可以写成 $g_2(D) = D^2 - D - 1$。因为经过了模 2 运算，其结果都是一样的，所以习惯上一般将其表示为 $g_2(D) = D^2 + D + 1$。

从图 3-11 中可以直接得到 $a_k = \{1,0,1,1,0,1\}$，b_k 采用数值法求解，分别用 $q_0(k)$、$q_1(k)$ 和 $q_2(k)$ 表示第 k 个时刻系统内部的状态，其中，$q_2(k) = q_1(k-1)$，$q_1(k) = q_0(k-1)$，$q_0(k) = x(k) \oplus q_1(k) \oplus q_2(k)$，$b_k = q_0(k) \oplus q_2(k)$。接下来分别计算每一个时刻系统的内部状态和 b_k 的输出。

$k = 1$ 时刻：$q_0(1) = 1$，$q_1(1) = 0$，$q_2(1) = 0$，$y(1) = 1$。

$k = 2$ 时刻：$q_0(2) = 1$，$q_1(2) = 1$，$q_2(2) = 0$，$y(2) = 1$。

$k = 3$ 时刻：$q_0(3) = 1$，$q_1(3) = 1$，$q_2(3) = 1$，$y(3) = 0$。

$k = 4$ 时刻：$q_0(4) = 1$，$q_1(4) = 1$，$q_2(4) = 1$，$y(4) = 0$。

$k = 5$ 时刻：$q_0(5) = 0$，$q_1(5) = 1$，$q_2(5) = 1$，$y(5) = 1$。

$k = 6$ 时刻：$q_0(2) = 0$，$q_1(2) = 0$，$q_2(2) = 1$，$y(2) = 1$。

所以，b_k 最后的输出为 $b_k = \{1,1,0,0,1,1\}$。

由例 3-5 可以看出，反馈的应用对编码过程有着重要的影响。这也是 Turbo 码选择递归系统卷积编码器的主要原因。对于其输入序列中的每个非零位，都会对后续编码器的输出比特产生无限时长的影响。递归系统卷积编码器就像一个无限脉冲滤波器，且具有非常长的存储单元。

在实际的系统中，Turbo 码除了采用递归系统卷积编码器之外还引入了交织模块。在常见的 Turbo 编码器中，通常采用两个相同结构的 RSC 编码器，并将原输入信号经过两个不同的交织模块后送入这两个相同结构的 RSC 编码器，从而使编码后的信号具有更好的随机性能。

图 3-12 所示为常见的 Turbo 编码器实现框图，其输出可以表示为 $\boldsymbol{Y}(k) = [y_1(k) \quad y_2(k) \quad y_3(k)]$，

该编码器的编码速率为 1/3。该编码器还有一种更为常见的情况，即编码速率为 1/2 的时候，$y_1(k)$ 正常输出，$y_2(k)$ 和 $y_3(k)$ 交替输出，即 $\boldsymbol{Y}(k) = \left[y_1(k), y_2(k) \right]$，$\boldsymbol{Y}(k+1) = \left[y_1(k+1), y_3(k+1) \right]$。

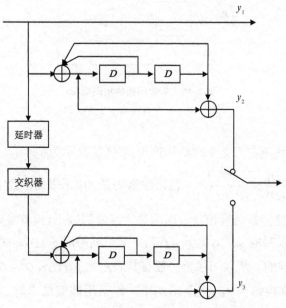

图 3-12 常见的 Turbo 编码器实现框图

2. Turbo 码的译码

Turbo 码的成功不仅归功于其出色的内部结构，还在很大程度上得益于 Turbo 码简单易实现的译码方式。Turbo 码巧妙地将两个简单的短码通过伪随机交织器并行级联来构造具有伪随机特性的长码，并通过在两个软输入/软输出译码器之间进行多次迭代实现伪随机译码。它的性能远远超过了其他编码方式，得到了广泛的关注和发展，并对当今的编码理论和研究方法产生了深远的影响。

图 3-13 所示为经典的 Turbo 译码器结构，它包含两个软输入/软输出的分量译码器，以及交织器、解交织器和硬判决器等模块。每个译码器由信息比特、校验比特及从另一个译码器传递来的先验信息组成，输出是一个信息比特的软信息，它不仅给出了输出是 0 还是 1，还会给出该比特正确译码的概率。译码器采用迭代译码方式，其工作流程如下。

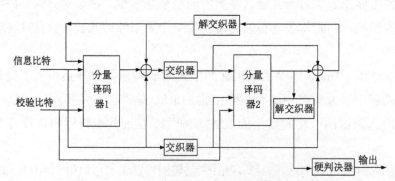

图 3-13 经典的 Turbo 译码器结构

（1）接收信号被分割成信息比特和校验比特两个部分，并送入分量译码器 1，该分量译码器进行译码并输出 1bit 软信息。

（2）分量译码器 2 根据分量译码器 1 输出的软信息及接收到的信息比特和校验比特继续译码，得到新的软信息。

（3）软信息再次被送入分量译码器 1，并进行再一次的迭代译码，重复步骤（1），分量译码器 1 输出新的软信息。

（4）重复步骤（2），并迭代计算直至译码输出的误比特率降低到一定程度，通过硬判决器将译码结果输出。

根据译码准则的不同，常用的分量译码器有基于最大后验概率的译码器、基于最大对数后验概率的译码器及软输出维特比译码器。最大后验概率（Maximum A Posteriori Probability，MAP）算法是统计学中的一种概率估计方法，最初用来估计无记忆噪声下的马尔可夫过程。基于最大后验概率的算法也可以用在线性分组码和卷积码的译码中，其可以最小化卷积码译码器输出的误比特率。但是基于最大后验概率的算法运算非常复杂，不但包含大量的乘法和加法运算，还有指数和对数运算，这些在数字电路中较难实现，因此 MAP 算法在实际系统中采用的并不多。实际中，基于最大对数后验概率的译码算法大大简化了计算的过程，因此得到了广泛应用。最大对数后验概率的译码算法通过在对数域中计算后验概率的译码算法中的部分因子，省去了许多指数和对数运算。软输出维特比算法（Soft Output Viterbi Algorithm，SOVA）通过对原维特比算法进行修改，使其适用于 Turbo 码的迭代译码过程。

3．Turbo 码的性能分析

Turbo 码性能的理论分析非常复杂，可以通过仿真对编码的性能进行评估。在 Turbo 码编码的过程中，除了编码器之外，交织器的结构和长度将决定编码的随机特性，从而影响编码的性能。

Turbo 码的出现为信道编码理论和实际应用带来了新的活力。在理论上，通过编码实现结构的改变，利用迭代交替的编码原理使 Turbo 码可以获得逼近信道容量的编码性能。但是 Turbo 码实现复杂度较高，同时会产生一定的编码延时。

3.2　信道编码新技术

5G 标准定义了移动宽带增强（eMBB）场景、超高可靠超低延时通信场景和海量机器类通信三大应用场景。在 5G 标准的制定中，信道编码方案的选择对整个系统性能的提升至关重要，众多移动设备生产商和运营商对此展开了激烈的讨论。经过一系列性能的比较，最终 3GPP 确定采用 eMBB 场景下的信道编码方案。其中，采用极化码作为 5G-eMBB 场景控制信道编码方案，低密度奇偶校验（Low Density Parity Check Code，LDPC）成为 5G-eMBB 场景数据信道的编码方案。

3.2.1 极化码

极化码（Polar Code，PC）是一种新型编码方式，其编码构造的核心思想是通过信道极化使不同的子信道呈现不同的可靠性。所谓信道极化，是指让信道出现两极分化，即特别好的信道和特别差的信道。什么样的信道是特别好的信道呢？当然是实现无误差传输的信道，反之则是特别差的信道。理论研究表明，针对一组独立的二进制对称输入离散无记忆信道，可以采用编码的方法使各个子信道呈现不同的可靠性。当编码长度足够长时，有一部分信道会得到近似为 1 的信道容量，实现无误差传输，而另一部分信道呈现容量趋近为 0 的纯噪声信道特性。此时，可以选择容量接近于 1 的无误差信道传输。极化码是目前唯一被严格证明可以达到香农极限的编码方法。

为了便于理解，这里用水管输送水类比极化码的编码过程。这里的水管就可以看作一个信道，需要通过水管将水流送到特定的地点，水管中有一些破裂处，这些破裂处将使流经的水流被污染。正如信道中总存在噪声和干扰，这些噪声和干扰将叠加在有用信号上，就会影响有用信号的正确接收。Polar 码的基本思想是通过某种编码的方式，使信道被分离为一系列子信道，干扰和噪声的影响被聚集在某些子信道上，并留下另一些完全不受干扰的信道。就好比将原本的一根水管分离，使本身并不干净的水自动地从水管破裂的地方流过，而干净的水则从不会被污染的地方流过。这样，最后只需要接收干净的水，而自动抛弃被污染的水。极化码的编码思想也是类似的，有干扰和噪声的"差信道"上不发射信号，而在"好信道"上传输有用的信息比特。在接收端，因为已知了"好信道""差信道"，所以只需要对特定比特位上的信息进行解码，从而简化了接收的过程。

图 3-14 所示为 Polar 码编码结构示意图，其比特位被划分为冻结比特、信息比特和校验比特 3 部分。其中，冻结比特的可靠度较低，而信息比特和校验比特的可靠度较高，且校验比特往往占据了最可靠的位置，以便在错误纠正的最后阶段得到正确的译码。Polar 码的解码需要通过连续消除（Successive Cancelation List，SCL）译码算法来实现，能以较低的计算复杂度实现接近最大似然译码的性能。

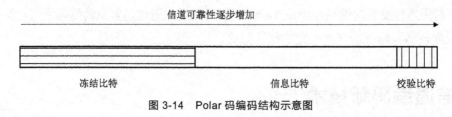

图 3-14　Polar 码编码结构示意图

对于 5G 系统新空口协议的信道编码方案的选择，需要考虑编码的性能、编码的复杂度、编译码的延时特性及编码的可操作性。这里的可操作性是指编码长度、编码速率及不同场景需求下编码的选择。与 Turbo 码相比，在相同的误码率前提下，Polar 码对信噪比的要求要比 Turbo 码低 0.5～1.2dB，因此在相同误码率条件下可以达到更高的频谱效率。

在传统的理论基础上，Polar 码还有许多改进的编码和解码方案。我国的华为技术有限公司对 Polar 码技术进行了深入的研究，并在相关领域获得了很多知识产权。

【例 3-6】奇偶校验 Polar 码。

图 3-15 所示为奇偶校验 Polar 码编码结构图,其选择了冻结比特的一部分,并将其定义为奇偶校验冻结比特。这些奇偶校验冻结比特将有助于后续信息比特解码时采用连续消除解码路径的选择。

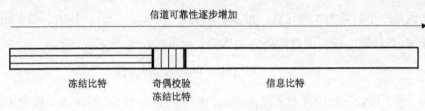

图 3-15　奇偶校验 Polar 码编码结构图

【例 3-7】链式译码。

图 3-16 所示为对 Polar 码进行链式译码的过程,过程中将一个长序列分为若干短序列,并对所有短序列进行并行译码,从而提高了实现的效率。这些短序列与一些称为"交叉奇偶校验"函数的奇偶校验函数相连,一个短序列的信息比特是通过其他短序列的奇偶校验冻结比特交叉校验的。

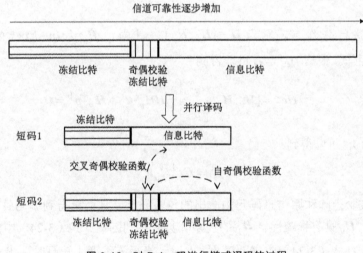

图 3-16　对 Polar 码进行链式译码的过程

针对不同的 Polar 码结构,3GPP 工作组进行了一系列性能仿真和对比,最终 Polar 码以良好的性能优势和可操作性成为 5G eMBB 场景控制信道编码方案。

3.2.2　LDPC

LDPC 是一种特殊形式的分组纠错码。其主要特点是校验矩阵中包含的非零元素数目很少,校验矩阵中大部分元素都是 0,只有几个子矩阵的元素是 1。因为具有稀疏特性,因此 LDPC 码的编码和译码的复杂度较低,资源消耗不高,在系统中容易实现。LDPC 具有很强的纠错能力,并且其具有内在的随机性,不需要额外的交织器就可以达到很好的随机特性。

和线性分组码的描述方法类似，这里仍然用 (n,k) 的形式描述一个长度为 n 的 LDPC，其中，信息比特的长度为 k，校验比特的长度为 $n-k$。假设编码前信息码元为 $\boldsymbol{u}=[u_1,u_2,\cdots,u_k]$，编码生成 n 行 k 列的矩阵 $\boldsymbol{G}$，那么可以通过矩阵 $\boldsymbol{G}$ 和信息码元向量 $\boldsymbol{u}$ 的乘积得到编码后的序列，即

$$c^{\mathrm{T}} = Gu^{\mathrm{T}} \qquad (3\text{-}21)$$

这里的 $\boldsymbol{c}$ 也是一个长度为 n 的向量，可以表示为 $\boldsymbol{c}=[c_1,c_2,\cdots,c_n]$。其中，前 k bit 是信息比特，后 $(n-k)$ bit 是校验比特，因此编码后的序列 $\boldsymbol{c}$ 也可以表示为

$$c = [u_1,\cdots,u_k,p_1,\cdots,p_{n-k}] \qquad (3\text{-}22)$$

在接收端，为了检验接收的序列 $\boldsymbol{c}$ 是否正确，需要产生一个校验矩阵 $\boldsymbol{H}$。校验矩阵为 $(n-k)$ 行 n 列，若 $\boldsymbol{H}\boldsymbol{c}^{\mathrm{T}}=\boldsymbol{O}$ 成立，则说明序列 $\boldsymbol{c}$ 是正确的。把式（3-21）代入 $\boldsymbol{H}\boldsymbol{c}^{\mathrm{T}}=\boldsymbol{O}$，可以得到

$$HGu^{\mathrm{T}} = O \qquad (3\text{-}23)$$

其中，$\boldsymbol{u}$ 是任意的信息码元，因此校验矩阵 $\boldsymbol{H}$ 与生成矩阵 $\boldsymbol{G}$ 之间满足 $\boldsymbol{H}\boldsymbol{G}=\boldsymbol{O}$，也就是说，校验矩阵与生成矩阵是对应的关系。

1. LDPC 的编码过程

LDPC 的编码过程可以分为两个步骤，先构造校验矩阵 $\boldsymbol{H}$，再通过矩阵 $\boldsymbol{H}$ 的变换进行编码。

对校验矩阵进行分割，表示为 $\boldsymbol{H}=[\boldsymbol{H}_u,\boldsymbol{H}_p]$，其中，$\boldsymbol{H}_u$ 为 $(n-k)\times k$ 的矩阵，$\boldsymbol{H}_p$ 为 $(n-k)\times(n-k)$ 的矩阵。根据 $\boldsymbol{H}\boldsymbol{c}^{\mathrm{T}}=\boldsymbol{O}$ 可以得到

$$Hc^{\mathrm{T}} = [H_u, H_p]\begin{bmatrix} u^{\mathrm{T}} \\ p^{\mathrm{T}} \end{bmatrix} = HH_u \cdot u^{\mathrm{T}} + H_p \cdot p^{\mathrm{T}} = O \qquad (3\text{-}24)$$

根据式（3-23），可以得到

$$p^{\mathrm{T}} = H_p^{-1} H_u u^{\mathrm{T}} \qquad (3\text{-}25)$$

这就是通过校验矩阵和原信息码元构造出的校验码元，从而可得到编码后的序列 $\boldsymbol{c}$。在求解的过程中，由于 $\boldsymbol{H}_u$ 具有稀疏性，$\boldsymbol{H}_p$ 的逆矩阵具有规则图案，式（3-24）中的矩阵相乘复杂度并不高。然而，在式（3-24）中需要对 $\boldsymbol{H}_p$ 求逆，当矩阵维度比较高时，求逆将消耗较多的系统资源。在实际硬件实现时，可以基于高斯消去法，通过线性变换将 $\boldsymbol{H}_p$ 变换为下三角矩阵或近似下三角矩阵进一步简化矩阵求逆的运算复杂度。

如图 3-17 所示，利用行变换和列变换将 $\boldsymbol{H}$ 变换为具有下三角矩阵的结构，可简化 $\boldsymbol{H}_p$ 的求逆过程。

近似下三角矩阵的变换仍然用高斯消元法，其主要思想是通过行列变换对校验矩阵进行线性变换，得到一个近似下三角矩阵，如图 3-18 所示。虽然变换后 $\boldsymbol{H}_p$ 不是一个对角矩阵，但仍存在较多非零元素，因此求逆过程也可以通过降维而简化。

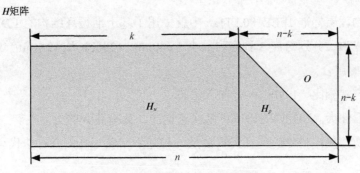

图 3-17　基于高斯消元法的矩阵变换 1

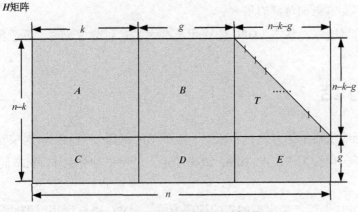

图 3-18　基于高斯消元法的矩阵变换 2

2. LDPC 的译码算法

对同样的 LDPC 码，采用不同的译码算法，可以获得不同的误码性能。LDPC 的译码算法包括硬判决译码和软判决译码。

硬判决译码将接收的实数序列先通过解调器进行解调，再进行硬判决，得到硬判决 0、1 序列，最后将得到的硬判决序列输送到硬判决译码器进行译码。这种方式的计算复杂度固然很低，但是硬判决操作会损失掉大部分的信道信息，导致信道信息利用率很低。

软判决译码可以看作无穷比特量化译码，它利用接收的信道软信息有效提升译码的准确度。在软判决译码方法中，软判决译码利用的信道信息不仅包括信道信息的符号，还包括信道信息的幅度值。信道信息的充分利用，使译码可以迭代进行，极大地提高了译码性能。但是，软判决译码的译码复杂度较高。

混合译码结合了硬判决译码和软判决译码的优缺点，是一类基于可靠度的译码算法。其在硬判决译码的基础上，利用部分信道信息，从而提升了译码的可靠性。

3. LDPC 的应用

LDPC 具有巨大的应用潜力，除了 5G 系统外，LDPC 在其他系统，如深空通信、光纤通信、卫星数字视频、数字水印、磁/光/全息存储及移动和固定无线通信系统中都得到了广泛的应用。

无线局域网物理层标准 IEEE 802.11ac 中就采用了基于准循环结构的 LDPC，其定义了 12 个不同的校验矩阵 H，分别对应 3 种序列大小（648bit、1296bit 及 1944bit）和 4 种码率（1/2、2/3、3/4 及 5/6）的组合。

和其他编码方法相比，LDPC 具有以下优势。

（1）编码灵活性大。LDPC 的码率可以任意构造，具有更大的灵活性。

（2）译码实现简单。LDPC 的译码算法是一种基于稀疏矩阵的并行迭代译码算法，在硬件实现上比较容易。

（3）性能有保证。LDPC 具有更好的编码性能，可以应用于有线通信、深空通信及磁盘存储工业等对误码率要求更加苛刻的场合。

（4）更低的价格成本。基本 LDPC 的使用没有太多专利费用开销，更适合于发展中国家。

3.3 本章小结

本章讨论了无线信道编码方案，介绍了一些简单的编码方案，如奇偶校验码和卷积码，并在此基础上介绍了应用较为广泛的 Turbo 编码理论，最后详细介绍了 Polar 码和 LDPC 的实现原理与相关应用。

Polar 码和 LDPC 是近年来出现的新的编码方式。LDPC 可以适用于多种信道条件，它的性能逼近香农极限，且易于进行理论分析和研究。LDPC 编译码过程较为简单，可以通过并行操作加速编码过程，在系统中易于实现。Polar 码是目前唯一被严格证明可以达到香农极限的编码方法。通过对 Polar 码试验样机在静止和移动场景下的性能测试，针对短码和长码两种场景，在相同信道条件下，相对于 Turbo 码，Polar 码可以获得一定的性能增益。

3.4 课后习题

1. 选择题

（1）5G 系统在增强型移动宽带场景下的数据信道编码方案和控制信道编码方案分别是（　　）。

    A. LDPC 和 Turbo 码　　　　　　　　　B. 卷积码和 Turbo 码

    C. 卷积码和 Polar 码　　　　　　　　　D. LDPC 和 Polar 码

（2）已知（7,3）汉明码编码映射关系如表 3-3 所示，若已知接收信号 1111100 中有 1 位错误比特，那么其正确的信息序列应为（　　）。

    A. 000　　　　　　　B. 001　　　　　　　C. 100　　　　　　　D. 101

表 3-3   **（7,3）汉明码编码映射关系**

信息码字	编码码字	信息码字	编码码字
000	0000000	100	1101100
001	1011001	101	0110010
010	0110010	110	1000110
011	1100011	111	0001111

（3）在实际的系统中，Turbo 编码可以采用（　　　）模块提升编码信号的随机性能。

　　A．交织　　　　　　B．高斯消元　　　　C．串并转换　　　　D．线性映射

（4）已知某（6,3）线性分组码的生成矩阵为 $G = \begin{bmatrix} 1 & 1 & 0 & 1 & 0 & 0 \\ 1 & 0 & 1 & 0 & 1 & 0 \\ 0 & 1 & 1 & 0 & 0 & 1 \end{bmatrix}$，那么，其编码速率

为（　　　）。

　　A．$k = 1$　　　　B．$k = \dfrac{1}{6}$　　　　C．$k = \dfrac{1}{2}$　　　　D．$k = \dfrac{1}{3}$

2．计算题

（1）已知某卷积编码器如图 3-19 所示，试求其约束长度和生成多项式 g_1 和 g_2。

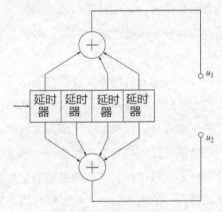

图 3-19　卷积编码器

（2）假设图 3-19 所示的卷积编码器初始状态为 0，当其输入为 10110 时，试求其输出。

3．简答题

（1）为什么编码信号具有一定的纠错和检错能力？

（2）请简述极化码的编码原理。

（3）除了框图之外，卷积码还有哪些描述方法？

第 4 章
调制与接入技术

04

调制与解调是通信系统中重要的信号处理手段。编码信号在无线通信系统中仍称为调制信号，调制信号并不适合在空间中远距离传输。首先，调制信号，如音频、视频信号属于低频信号，根据天线理论，电磁波的发射天线设计尺寸与电磁波的频率成反比，因此低频信号若想获得足够的能量在空间中传输需要更大尺寸的天线，这在实际应用中很难实现。其次，多个用户如果想同时发射调制信号，这些信号在频谱和时间上是相互交叠的，那么接收端将很难从这些混合在一起的信号中找到需要的信号。

为了将调制信号更高效地发射出去，可以把调制信号调制到高频的载波信号上。随着载波频率的增加，系统所需的发射天线尺寸也会减小，更加容易实现。同时，不同的用户可以选择不同的频段进行信号的传输，从而避免用户与用户之间的干扰。例如，频分复用系统就利用不同的频段实现了多用户的通信。

在无线通信过程中，许多用户以不同的无线信道实现同时通信，并利用信道的分离，防止或抑制不同用户之间相互干扰的技术称为多址接入技术。多址接入技术将信道划分为不同的子信道后分配给用户，不同的用户采用不同的子信道传输信息。根据所分割的子信道是否正交可以将多址接入技术分为正交多址接入技术和非正交多址接入技术。在移动通信系统中，常见的正交多址接入方式包括频分多址、时分多址和码分多址等。随着物联网和海量机器类通信应用的发展，传统的以正交方式实现的多址接入已无法满足海量用户的接入需求。5G 网络的海量机器类通信场景中将引入非正交多址接入方式。

本章将深入介绍无线通信中的调制技术与多址接入技术，并着重介绍其在 5G 网络中的相关应用。

学习目标

① 学习调制的概念，掌握基本的数字调制方法和模拟调制方法。

② 学习多址接入的概念，掌握正交频分复用多址接入技术的基本原理。

③ 学习非正交多址接入技术的基本原理，了解新型的非正交多址接入方式。

4.1　信号的调制

　　所谓调制，是指用待传输的信号控制另外一个便于传输的载波信号的某一个参数的变化，以便达到传输信号的目的。待传输的信号称为调制信号，调制之后的信号称为已调信号。按调制信号类型的不同可以将调制分为模拟调制和数字调制，用模拟信号调制称为模拟调制，用数字信号调制称为数字调制。

　　解调是从携带消息的已调信号中恢复消息的过程，是调制的逆过程。在各种信息传输或处理系统中，发射端利用传送的消息对载波进行调制，产生携带这一消息的信号，接收端必须从已调信号中恢复或提取出原消息信号，这就是解调。

4.1.1　模拟调制

　　基于载波类型的不同，模拟调制可以分为高频正弦波调制和脉冲序列调制等。所谓高频正弦波调制，是指利用调制信号控制高频载波信号的某个参数，如幅度、频率或相位。脉冲序列调制是指利用调制信号去控制脉冲序列的幅度、脉宽或周期，以形成已调制的脉冲序列。在脉冲序列调制中，调制信号仍然不能直接在信道中传输，需要再经过一次高频载波的调制才能发射出去。

　　一个未经调制的正弦波信号可以表示为 $c(t) = A_0 \sin(\omega_c t + \varphi_0)$，$A_0$、$\omega_c$ 和 φ_0 分别代表这个正弦波的振幅、频率和相位。在没有调制的时候，这些参数都是恒定的常数。如果用待传输的调制信号去控制某一个参数，让其随着调制信号的变化而变化，这就是调制的过程。例如，控制正弦波的幅度使其不再是一个常数，这样的调制过程就称为幅度调制（Amplitude Modulation，AM），简称调幅。同样，如果调制信号改变的是正弦波信号的频率或者相位，则相应的分别称为频率调制（Frequency Modulation，FM）和相位调制（Phase Modulation，PM）。在调制过程中，正弦信号起着传递调制信号的作用，就好像运载工具一样，因此称为载波。

　　调制的过程并不是信号叠加的过程，已调波的时域波形也不能通过将调制信号和载波信号叠加而获得。在调制解调的过程中，可以利用傅里叶变换将调制信号与已调信号变换到频率域中，利用频谱特性进行分析。

　　下面先讨论幅度调制。幅度调制的过程是频谱搬移的过程，而调幅波的解调就需要将调制后的信号频谱搬移回原本的位置。这样的频谱搬移过程可以通过调制信号与载波的相乘运算实现。对调幅波的解调也称为检波。

　　图 4-1 所示为幅度调制的实现框图，图 4-2 所示为幅度调制前后调制信号、载波信号及已调信号的时域信号波形图。

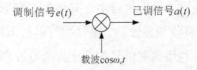

图 4-1　幅度调制的实现图

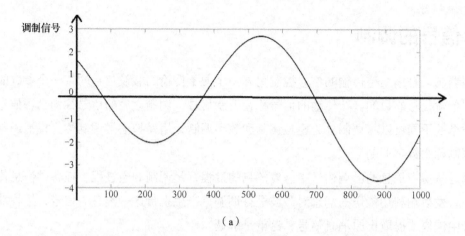

（a）

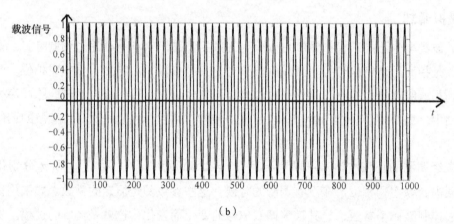

（b）

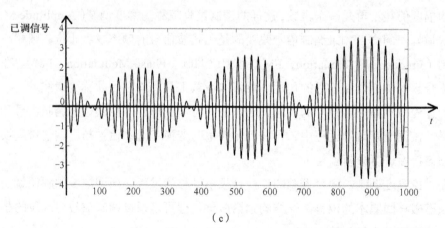

（c）

图 4-2　幅度调制前后的时域信号波形图

从图 4-2 中可以看出，随时间缓慢变化的调制信号与高频的载波相乘之后产生了一个随时间快速变化的高频已调信号。在这个已调信号中，其信号包络的变化体现了原调制信号的变化规律。当已调信号发射出去，被接收端接收后，接收端可以根据其包络的变化获取需要的信息。

以脉冲序列作为载波信号，利用调制信号的变化控制脉冲序列输出幅度大小的调制过程称为脉冲幅度调制，其实现框图如图 4-3 所示。

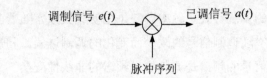

图 4-3 脉冲幅度调制实现框图

脉冲幅度调制可以选择的脉冲序列波形并不唯一，常见的是矩形波形的脉冲序列。图 4-4 所示为脉冲幅度调制前后调制信号、载波信号及已调信号的时域信号波形图。

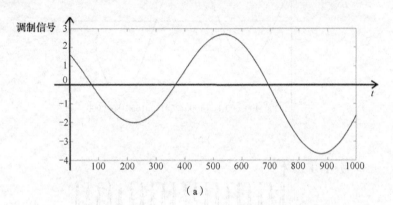

（a）

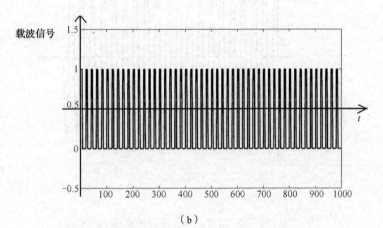

（b）

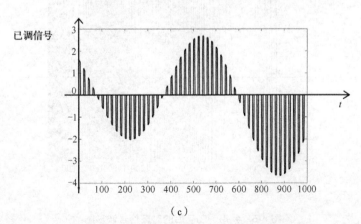

（c）

图 4-4 脉冲幅度调制前后的时域信号波形图

　　频率调制也是一种常见的调制方式。频率调制是指使载波频率随着调制信号变化的调制方式，即已调信号的瞬时角频率随调制信号的改变而变化的调制过程。和幅度调制不同，频率调制属于非线性调制，其已调信号的频谱是调制信号频谱的非线性变换。

　　图 4-5 给出了频率调制前后调制信号、载波信号及已调信号的时域波形图。

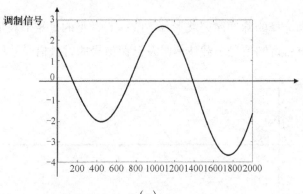

（a）

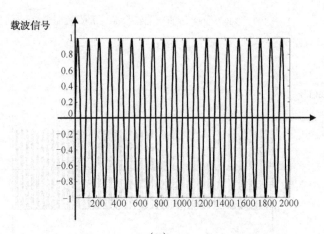

（b）

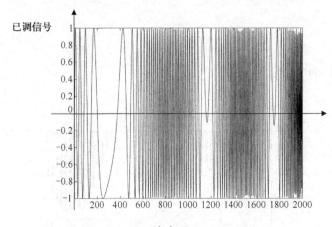

（c）

图 4-5　频率调制前后的时域信号波形图

　　相位调制是指正弦载波的相位随着调制信号的变化而变化的调制方式。相位调制和频率调制类似，都是通过改变载波信号的角度来达到调制的目的。相位调制的内容在这里不再赘述。

4.1.2　数字调制

　　在无线通信中，发射的调制信号都是数字信号，根据其改变载波方式的不同，调制的过程可以分为振幅键控（Amplitude Shift Keying，ASK）、移频键控（Frequency Shift Keying，FSK）和移相键控（Phase Shift Keying，PSK）等。

　　振幅键控是指载波的振幅随着数字调制信号而变化的数字调制方式，当调制信号为二进制信息序列时，就是二进制振幅键控（2 Amplitude Shift Keying，2ASK）。二进制振幅键控信号可以表示成具有一定波形形状的二进制数字调制信号与正弦载波的乘积，其信号波形示例如图 4-6 所示。

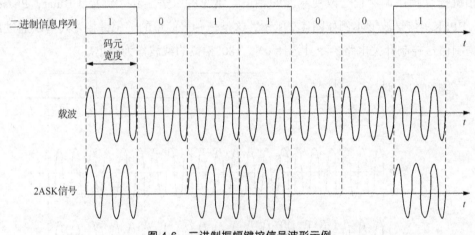

图 4-6　二进制振幅键控信号波形示例

　　二进制振幅键控信号可以通过数字或模拟的方式产生，最简单的方式是让载波在二进制调制信号的控制下通断，所以这种方法也称为开关键控法（On Off Keying，OOK），如图 4-7 所示。

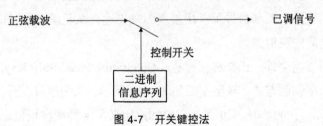

图 4-7　开关键控法

　　移频键控是数字通信中较早使用的一种调制方式，在模拟电话系统中得到了广泛的应用。移频键控的基本原理是利用低频的调制信号改变载波的频率，通过频率的变化来传递数字信息。图 4-8 所示为二进制移频键控信号波形示例，从图中可以看出，对应不同的码元符号，输出信号会出现不同的频率偏移。

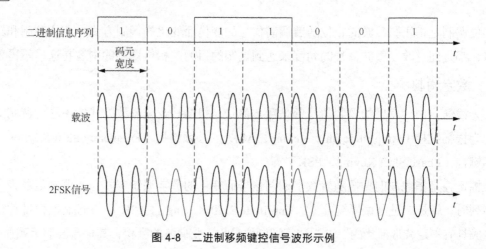

图 4-8　二进制移频键控信号波形示例

移相键控是指用调制信号改变载波的相位。常见的二进制移相键控（Binary Phase Shift Keying，BPSK）信号波形示例如图 4-9 所示，这是一种最简单的移相键控。其可以通过用二进制数字调制信号控制开关电路，令其选择 0°或 180°相位的载波作为输出。

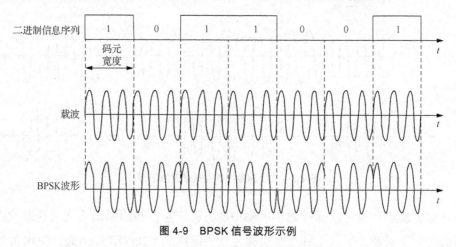

图 4-9　BPSK 信号波形示例

将数字信号在复平面上以图形的形式表示出来，直观地描述信号与信号之间的映射关系，这种图示称为星座图。数字调制信号可以用星座图来描述，从星座图中可以看到调制后的星座点与调制信号比特之间的映射关系。

除了二进制移相键控之外，正交移相键控（Quadrature Phase Shift Keying，QPSK）也是一种常见的移相键控数字调制方式，其星座图如图 4-10 所示，从图中可以看出，每一个 QPSK 星座点对应 2bit 信息位，即 00、01、10 和 11。QPSK 定义了 4 种载波相位，分别是 45°、135°、225°和 315°，每一个载波可以传递 2bit 信息。在接收端，解调器可以根据接收到的载波信号的相位来判断发射端发射的信息比特。

正交振幅调制（Quadrature Amplitude Modulation，QAM）通过幅度和相位的联合变化达到调制的目的，是正交载波调制技术与多电平振幅键控的结合，由于幅度变化，正交振幅调制属于非恒包络二维调制。

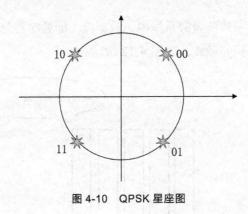

图 4-10　QPSK 星座图

正交振幅键控是振幅键控和移相键控的结合，其载波信号既有幅度的变化又有相位的变化，并通过两个相互正交的同频载波（相位相差 90°）的幅度差异表示不同的比特信息。常见的正交振幅键控有 16QAM 和 64QAM 等，例如，16QAM 星座图如图 4-11 所示。

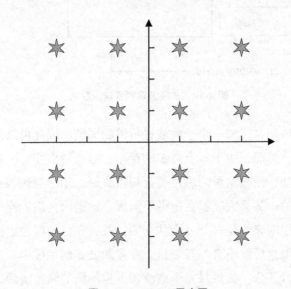

图 4-11　16QAM 星座图

3G 系统中采用了 QPSK 和 16QAM 两种调制方式，4G 系统中增加了 64QAM，5G 系统中采用了更高阶的 256QAM，提升了频带的利用率。

4.1.3　多载波调制

近年来，随着数字调制技术的发展，出现了一些新的调制技术，如正交频分复用（Orthogonal Frequency Division Multiplexing，OFDM）等技术。

正交频分复用技术是由多载波调制技术发展而来的，其思想早在 20 世纪 60 年代就已经出现了，由于频谱利用率高、成本低等原因已广泛应用于无线通信系统中。类似 4.1.2 节所介绍的多种数字调制方式，正交频分复用只使用单一的载波，并通过改变该载波的特性达到传递信息的目的。随着调制技术的发展，出现了多载波调制（Multicarrier Modulation，MCM）技术，采用多个载波传输信息。在多载波调制系统中，数据流（即调制信号）被划分为多个并行的子数据流，分别调制若干个不同的载波，如图 4-12 所示。

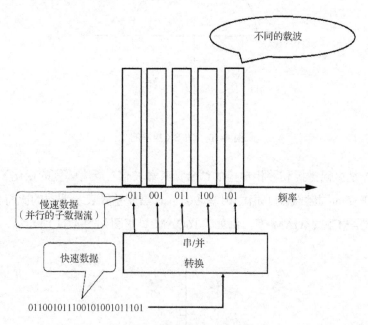

图 4-12　多载波调制系统示意图

对于多载波调制系统而言，每一个子载波进行单独调制，因此可以采用并行处理方式，提升系统硬件实现的效率。然而，由于多个载波的存在，必须特别注意不同载波上传输的信号之间要避免出现干扰。例如，用教室里的座位类比频带资源，用学生代表要传输的信号，如果教室里的座位是相互重叠的，那么大家都会坐得不舒服，这是因为临近座位的学生之间将会相互干扰；但是，如果教室里的座位是一个一个独立的，并且座位与座位之间有一定的距离，那么每个学生找到自己的座位之后就不会相互干扰。在多载波调制系统中，常见的避免用户间干扰的方法是通过频带来进行区分，如果每一个载波都占据不同的频带资源，并且每一个频带之间留有一定的保护间隔，那么接收时就可以通过滤波器分离出各个频带的子信号。

但是，如果教室里每个座位之间都相互独立，并在座位与座位之间保持较远的距离，那么整个教室的空间利用率就不高了。多载波调制也是类似的。例如，如果系统总共有 150MB 左右的带宽，每个子频带占据 10MB，子带与子带之间预留 5MB，那么整个系统最多只能支持 10 个子频带并行传输，这样频带效率并不高。

传统的频分复用系统将频带分为若干个不相交的子频带，并在这些子频带上并行地传输数据流。在这种方式下，为了保证各个子频带间的独立，各个频带之间不能重叠，而且要保留足够的保护频带，频率资源被大大占用了。

在多载波调制的理论基础上，20 世纪 70 年代衍生出了采用大规模子载波和频率重叠的正交频分复用技术。和多载波调制的原理相似，正交频分复用系统通过串/并转换把高速率的数据流分配到一组相互正交的载波上，使各个子载波上的数据符号持续长度相对增加，从而有效减少了由于无线信道的时间弥散所带来的码间干扰。

正交频分复用所采用的子载波并不是在频带上完全分离的，正交频分复用系统利用子载波之间的正交性，允许子载波的频谱相互重叠。与传统的频分复用系统相比，正交频分复用系统可以最大限度地利用频率资源，因此效率更高，得到了广泛的应用。在循环前缀足够长的情况下，正交频分复用系统可以有效地克服频率选择性信道下的码间干扰。

正交频分复用在刚刚提出的时候由于硬件实现条件的限制并没有得到广泛的应用。随着数字信号处理技术的发展，大规模集成电路促进了快速傅里叶变换的实现，为正交频分复用技术的实用化提供了强有力的支持。

正交频分复用系统可以在各个子载波上对信号进行独立处理，以获取最优的系统传输性能。另外，正交频分复用系统把一个宽带的系统分割成一组窄带系统，而这一组窄带系统拥有各自不同的频率响应，因此各个窄带系统的性能也会有所不同。对这一组窄带系统进行联合的功率优化和独立的编码调制，可以有效地提高系统总的功率利用率。

但是，正交频分复用系统也存在其固有的缺陷，如易受频率偏差的影响及存在较高的峰均比等，而且，其发射端和接收端振荡器之间的频率偏差及无线信道的时变性等因素都会破坏子载波之间的正交性而导致载波间干扰。

图 4-13（a）所示为正交频分复用系统的调制信号收发流程图。在发射端，频域信号经过数字调制后进行快速傅里叶逆变换变为时域信号，加入循环前缀后从天线发射出去。接收端去除循环前缀，经过快速傅里叶变换将时域信号变回频域信号，并在每一个子载波上对信号进行并行检测。由于 FFT 操作类似于 IFFT 操作，在实际的系统中，如手机，发射和接收可以共用同一个硬件设备，如图 4-13（b）所示。当然，这种硬件设备的节约是以发射和接收不能同时进行为代价的。

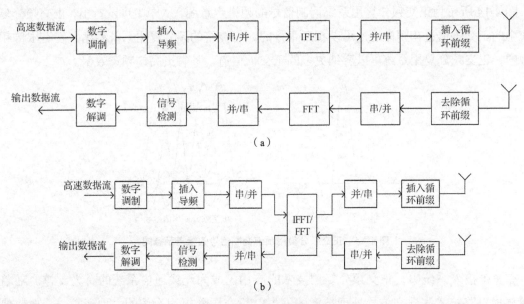

图 4-13　OFDM 系统基带框图

假设有一个正交频分复用系统，其将信道分割为 N_c 个频域相互正交的子信道，其一个 OFDM 符号的持续周期为 T，$d_k(k=1,2,\cdots,N_c)$ 是第 k 个子信道的发射数据，那么在发射端，一个 OFDM 符号的等效基带输出可以表示为

$$s(t) = \sum_{k=1}^{N_c} d_k \mathrm{e}^{\mathrm{j}2\pi\frac{k}{T}t} \quad 0 \leqslant t \leqslant T \tag{4-1}$$

由于每个子信道的载波在一个 OFDM 符号块内都包含整数个周期，且任意一个子载波与其余子载波相差 $\dfrac{2\pi}{T}$ 的整数倍，在接收端可以很容易地利用子载波间的正交性抑制各个子载波间的干扰，即

$$\frac{1}{T}\int_0^T \mathrm{e}^{\mathrm{j}2\pi\frac{k_1}{T}t} \mathrm{e}^{\mathrm{j}2\pi\frac{k_2}{T}t} \mathrm{d}t = \begin{cases} 1 & k_1 = k_2 \\ 0 & k_1 \neq k_2 \end{cases} \tag{4-2}$$

如果不考虑信道畸变和噪声的影响，接收端分别对每个子载波进行匹配滤波，并在长度为 T 的周期内积分，则有

$$\begin{aligned} \hat{d}_k &= \frac{1}{T}\int_0^T \sum_{p=1}^{N_c} d_p \mathrm{e}^{\mathrm{j}2\pi\frac{p}{T}t} \mathrm{e}^{-\mathrm{j}2\pi\frac{k}{T}t} \mathrm{d}t \\ &= \frac{1}{T}\sum_{p=1}^{N_c} d_p \int_0^T \mathrm{e}^{\mathrm{j}2\pi\frac{(k-p)}{T}t} \mathrm{d}t \end{aligned} \tag{4-3}$$

把式（4-2）代入式（4-3）可得

$$\hat{d}_k = d_k \tag{4-4}$$

经过这样的收发变换后可以发现，在接收端可以完全分离每个子信道里的信号，其相互之间不会产生混叠。

图 4-14 所示为正交频分复用系统调制信号的频谱示意图，从图中可以看出，正交频分复用系统中的正交子信道在频谱上是可以相互重叠的，与传统的频分复用系统相比，在有限的频带资源内，正交频分复用系统可以容纳更多的正交子信道，具有更高的频谱效率。

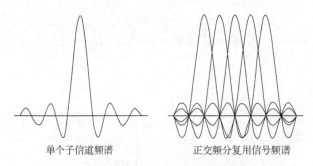

单个子信道频谱　　　　　正交频分复用信号频谱

图 4-14　正交频分复用系统调制信号的频谱示意图

在宽带接入系统中，正交频分复用技术的应用已成为无线通信系统的有力支撑。随着大规模集成电路技术和数字信号处理技术的发展，正交频分复用系统的主要运算——离散傅里

叶变换在硬件设备上已经很容易实现。另外，正交频分复用系统具有很强的兼容性，可以和其他技术，如多输入/多输出（Multiple Input/Multiple Output，MIMO）技术及各种多址技术相结合，从而具有更强的实用价值。在 4G、5G 系统中，以数据通信和图像通信为主，数据通信的速率比 3G 要快得多。为了达到高速传输及保证较高的通信质量，必须提高频谱利用率，增强信号抗衰落能力，增强抗码间干扰能力等，正交频分复用技术的应用可以很好地满足这些要求。所以，在无线局域网（Wireless Local Area Network，WLAN）中，正交频分复用技术也获得了广泛的应用，可以提升系统的性能。例如，IEEE 802.11n 和 IEEE 802.11ac 等无线局域网通信协议标准中都采用正交频分复用技术提高了传输速率，增加了网络吞吐量。在数字广播电视系统中，数字音频广播是第一个正式使用正交频分复用技术的实例。另外，当前国际上全数字高清晰度电视传输系统中采用的调制技术就包括正交频分复用技术，欧洲高清视频传输系统已经采用了编码的正交频分复用技术，其具有很高的频谱利用率，可以进一步提高抗干扰能力，满足电视系统的传输要求。

正交频分复用系统可以满足高速率传输的要求，可以有效地消除由于信道多径延时所造成的码间干扰，提高系统性能。同时，在正交频分复用系统中还可以通过功率分配策略进一步提升系统的性能。正交频分复用系统将信道分割为多个子信道，在不同的子信道上可以采用不同的发射功率和独立的编码调制，使系统达到最大比特率。例如，可以采用"注水算法"为不同的子信道分配不同的功率，让优质的信道传送更多的信息，条件较差的信道传送较少的信息，从而达到系统总传输速率最大化的目标。

正交频分复用系统在实际应用中也会出现一些问题。首先，正交频分复用系统多个子载波之间存在频谱重合，因此，当系统发射端和接收端振荡器存在频率偏移或系统无线传输信道环境快速变化时，多个子载波之间的正交性容易被破坏，系统会产生子载波之间的干扰，这将大大降低系统的整体性能。其次，正交频分复用存在较大的峰均比问题。从式（4-1）可以看出，在不同时刻发射的信号是一组数据的叠加，因此，在每一个瞬时，发射端发射功率的大小是不相同的。同时，在很恶劣的情况下，某一个瞬时的发射功率会远远大于整个符号的平均功率，造成很大的峰均比。这就要求发射端功率放大器存在较大的线性范围，提高了硬件实现的难度。

4.1.4　5G 候选新波形

良好波形的设计是实现高效空口传输的基础，4G 系统中使用了正交频分复用的调制方式。正交频分复用技术将高速率数据通过串/并转换调制到相互正交的子载波上去，并引入循环前缀，实现了较高的频谱利用率。但是，OFDM 系统对相邻子带间的频偏比较敏感，并且会产生比较大的带外泄露。

使用单一的 OFDM 调制模式已不能满足丰富多样的 5G 通信业务需求和灵活多变的应用场景，未来，不同的应用场景对空口技术的要求迥异，例如，毫秒级延时的车联网业务要求极短的时域符号长度，即要求在频域中提供较宽的子载波间隔；在物联网的多连接场景中，虽然单个传感器传送的数据量极低，但对系统整体连接数的要求很高，这就需要在频域上配置比较窄的子载波间隔，而在时域上，时域符号的长度足够长，因此几乎可以不需要考虑码间干扰问题，即不需要再引入循环前缀。这些灵活的配置是传统正交频分复用系统无法满足的。

目前，5G 新波形的选择方面出现了各种新的波形设计方案，主要包括基于滤波器的正交频分复用（F–OFDM）调制方案、基于滤波器组的多载波（Filter Bank MultiCarrier，FBMC）调制方案、通用滤波器组多载波（Universal Filtered MultiCarrier，UFMC）调制方案等。

1. F–OFDM 调制

F–OFDM 是 5G 系统的候选调制方案之一，其在保持 OFDM 信号正交性的同时，在时域 OFDM 信号上加入了一个设计良好的滤波器，以改善子频带信号的带外辐射。

如图 4-15 所示，在 F–OFDM 系统中，传统的 OFDM 信号添加循环前缀后将通过一个时域滤波器，该滤波器性能满足以下要求。

F-OFDM系统发射端

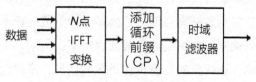

图 4-15　F-OFDM 调制发射流程

（1）在正交频分复用系统的每个载波上拥有平坦的通频带特性。

（2）具有明显的过渡带，以减少保护带宽度。

（3）具有足够的阻滞衰减。

此时，该滤波器在每个载波上拥有平坦的通频带特性，因此仅影响靠近边缘的少数子频带。由于采用了加窗的滤波器设计，符号间的干扰减小了。

接收端接收到的信号经过匹配滤波器后送入传统的 OFDM 接收机，如图 4-16 所示。

F-OFDM接收机

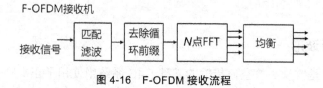

图 4-16　F-OFDM 接收流程

图 4-17 所示为 F-OFDM 时域滤波器的冲激响应波形图，从图中可以看出，该滤波器的幅频将具有较好的矩形特性。

2. FBMC 调制

FBMC 调制可以有效提升系统的频谱效率，克服了正交频分复用系统固有的一些弊端，如要求严格的时间同步等。这些优点使它被认为是 5G 系统的候选调制技术之一。

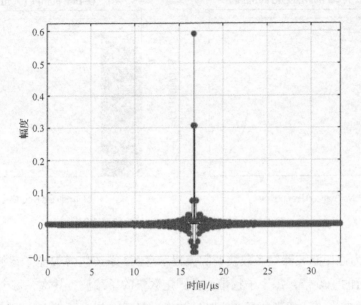

图 4-17　F-OFDM 时域滤波器的冲激响应波形图

　　FBMC 调制沿袭了多载波调制的特点，在每一个子载波上对调制信号进行了滤波。FBMC 调制采用了频率扩展，比其他调制方法更容易实现。与普通滤波器组相比，FBMC 调制在发射端添加了偏移正交幅度调制（Offset Quadrature Amplitude Modulation，OQAM）模块，在性能上获得了更大的增益。图 4-18 和图 4-19 所示分别为 FBMC 调制信号发射和信号接收流程示意图。

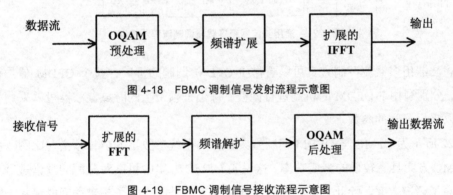

图 4-18　FBMC 调制信号发射流程示意图

图 4-19　FBMC 调制信号接收流程示意图

　　图 4-20 所示为 FBMC 调制方式与相同参数条件下的 OFDM 系统性能对比图，其中，横坐标是归一化频率（Normalized Frequency），纵坐标是功率谱密度（Power Spectral Density，PSD），从图中可以看出，FBMC 调制方式具有更低的旁瓣功率，因此频谱效率更高。

　　3. UFMC 调制

　　通用滤波器组多载波也是 5G 系统的候选调制方案之一，在 3GPP Release14 版本的标准化进程中得到了深入的研究。

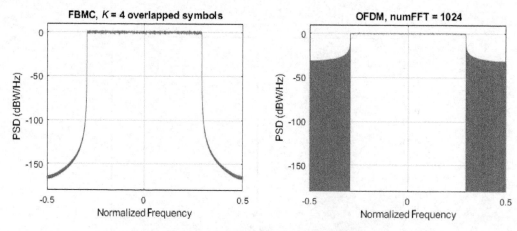

图 4-20　FBMC 与 OFDM 系统性能对比图

图 4-21 所示为通用滤波器组多载波调制流程示意图，系统包含 N 个子载波，这些子载波首先被分为多个并行的子频带，每个子频带包含固定数量的子载波；其次，每个子频带上的信号进行 N 点的 IFFT 变换，从频谱信号变为时域波形；最后，每个子带上的时域信号被送入对应的时域滤波器，滤波后的信号叠加在一起被送入信道。

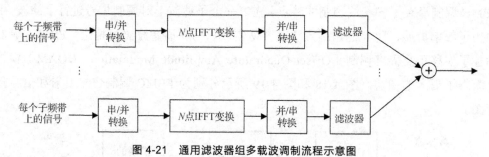

图 4-21　通用滤波器组多载波调制流程示意图

通用滤波器组多载波调制方案可以看作 F-OFDM 调制的推广，整个 OFDM 信号在不同的子频带上，分别利用 F-OFDM 的机制进行滤波；每个子频带上的时域滤波器可以采用相同的参数，也可以采用不同的参数。

图 4-22 所示为 UFMC 与 OFDM 调制方案在相同系统参数下的信号频谱对比图，由图不难发现，UFMC 方案具有较低的旁瓣功率。这说明 UFMC 方案中可以对分配的频谱进行更高效的利用，提高了频谱效率。除此之外，子频带滤波的优点是减少了子频带之间的保护，同时也减少了滤波器的长度，这使 UFMC 方案对短数据的传输更具优势。

比较 3 种新的调制方式，究竟哪一种波形更适合 5G 系统，要看 5G 系统的需求是什么。如果把系统的视频资源理解为一个货架，在正交频分复用系统设计中，货架每一格的大小都是固定的，每一个货品无论大小都将占据一格的位置，如果每一格设计得太大，则大量小体积的货品将浪费大量的空间资源；如果每一格设计得太小，则大体积的货品又无法安放。在实际中，可以设计大小不等的货架形状，如图 4-23 所示，此时，有大的单元格，也有小的单元格，空间资源被更合理地利用了。

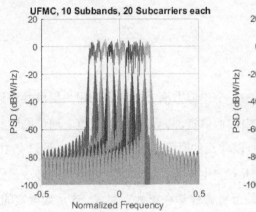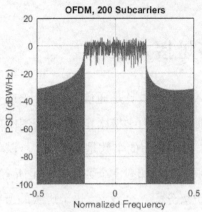

图 4-22　UFMC 与 OFDM 调制方案信号频谱对比图

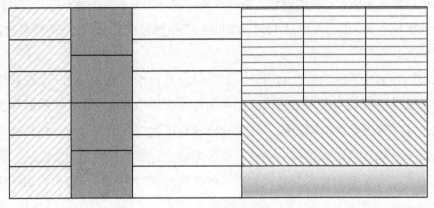

图 4-23　货架示意图

　　新波形要能为不同业务提供不同的子载波带宽和长度配置，如图 4-24 所示，以满足不同业务的时频资源需求。

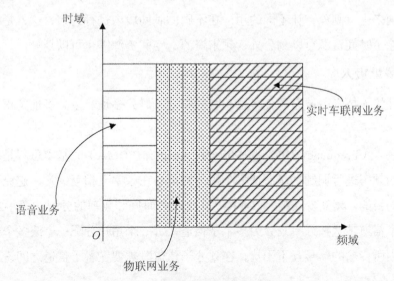

图 4-24　系统的时频资源需求示意图

75

4.2　多址接入技术

多址接入方案的设计是通信系统设计的一个重要方面，是为多个用户提供共享通信资源的有效手段。把学校的教学楼比作通信系统中的通信资源，如通信的带宽、通信的时长、发射的功率等。教学楼中教室的个数是有限的，可以使用的时间也是有限的，如一天只有 10 小时是上课时间，有限的时间和教室个数如何满足所有学生的课程需求呢？最简单的方法是固定班级，即给每一个班级分配一个教室，这个班级的所有课程都在该教室完成。这是最稳定的一种方法，但这样的分配有一个固有的问题，就是一个班级的学生所上的课程必须是一样的，如果在不同时间内同一班级学生选择了不同的课程，则这种固定的分配方式将不能支持。与此同时，这种分配方式的效率也不高，因为并不是 10 小时的时间都在课堂内上课，空余的时间内，这个教室的资源被浪费了。

把班级类比作通信系统中的终端用户，如手机、笔记本电脑等。每一个通信终端都需要基站为其分配通信资源以完成通信过程。如果为每一个通信终端分配固定的时频资源块，那么在这个用户不需要通信的时间段内，这部分资源是闲置的。不仅如此，用户终端并不是固定不动的，每个终端在移动的过程中会进行小区的切换，当切换到新的小区后，该终端需要请求新的基站为其分配新的资源并释放原小区内占有的资源。所以，每个终端通信资源的分配是动态的。

回到教室分配的问题，如果根据每个课程授课的人数安排不同的教室，同一个教室上午 1、2 节课可以安排高等数学，上午 3、4 节课可以安排大学英语，此时，这个教室的资源根据不同的时间段分配给了不同的用户，即不同的课程，资源就得到了相对充分的利用。同样，可以把通信资源按时间来进行划分，让不同的用户在不同的时间段内进行通信，这就是时分多址。在通信过程中，除了时间资源可以划分外，频率资源、空间资源等也可以划分。

4.2.1　传统多址接入

现有的多址接入技术主要有频分多址、时分多址、码分多址、空分多址及正交频分多址接入技术。

频分多址接入（Frequency Division Multiple Access，FDMA）的基本思想是对多个用户的信号采用不同的频率进行调制，从而使多个用户的信号在频率上相互错开，避免干扰，达到多用户同时通信的目的。频分多址接入方案中，多个用户时间和频率的分配如图 4-25 所示。频分多址接入将整个信道带宽按频率划分为多个子信道，每一个用户分配一个或多个子信道。为了保证各子信道中所传输的信号互不干扰，在划分子信道时需要在各子信道之间设立隔离带，也称为保护间隔。

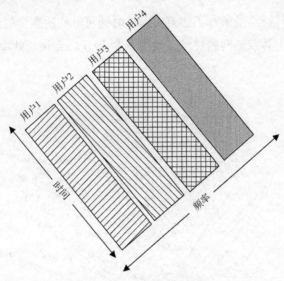

图 4-25　频分多址示意图

时分多址接入（Time Division Multiple Access，TDMA）也是一种常用的多址接入技术。在时分多址接入系统中，系统以时间作为资源进行分割，将提供给整个信道传输信息的时间划分成若干时间段，也称为时隙，并将这些不同的时隙分配给不同的用户以进行通信，如图 4-26 所示。与 FDMA 相似，为了避免用户间的干扰，时分多址接入系统中不同的时隙之间也要留有足够的间隔。

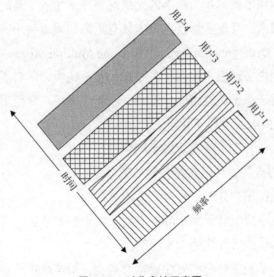

图 4-26　时分多址示意图

码分多址接入（Code Division Multiplex Access，CDMA）是一种较新的多址接入技术，在很多通信系统中（如 3G 系统中）都得到了广泛的应用。码分多址接入技术依靠不同的扩频码来区分不同用户的信号，因此具有更好的安全性能。在实际系统中，码分多址接入技术经常和其他调制技术结合使用。码分多址接入技术是采用数字技术的分支——扩频通信技术发展起来的一种无线通信技术。其特点是所有子信道在同一时间可以使用整个信道进行数据传输，不同的子信道在时间与频率上共享相同的资源，如图 4-27 所示，系统的效率高、容量大。

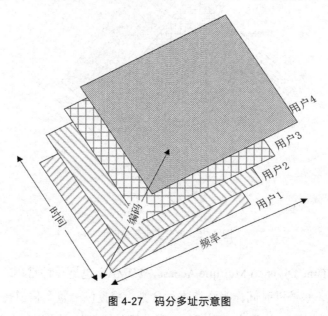

图 4-27　码分多址示意图

空分多址接入（Space Division Multiplex Access，SDMA）技术利用空间资源在空间域上完成多用户信号的分离，实现信号的同时同频传输。空分多址接入技术是多天线技术的应用与发展的产物之一，为时间和频率资源相当匮乏的无线通信技术注入了新的活力。由于多天线技术的引入，空分多址接入技术比其他多址接入技术具有更高的频谱利用率。

正交频分多址接入（Orthogonal Frequency Division Multiple Access，OFDMA）是一种基于正交频分复用技术的多用户多址接入技术。在 OFDMA 系统中，所有子载波被事先划分为多个子信道，每个子信道由若干个子载波组成，系统可以向多个用户分配不同的子信道。与其他正交多址接入方式相比，OFDMA 有以下优点。

（1）当采用 OFDMA 时，有可能实现较高的频谱效率。

（2）通过改变 FFT 的点数，可以支持多种信道带宽。

（3）可在子载波级进行用户分配，具有更高的灵活性。

（4）子载波在子信道中分配时无须相邻，有利于实现频率分集。

（5）支持对每帧子载波进行优化的功率控制。

在 OFDMA 系统中，子载波分配的方法通常有两类，即连续式子载波分配和分散式子载波分配，图 4-28 和图 4-29 所示分别为连续式和分散式子载波分配示意图。

在连续式子载波分配方式下，系统与传统的正交频分复用系统相似，将整个频带分成若干个连续的子频带，每个子频带就是一个子信道。分给每一个用户的子频带中的子载波都是相邻排列的，因而方案实现起来较为简单。在这种方案中，可以根据用户的信道条件尽量为每一个用户都匹配较好的子信道。例如，系统一共有 4 个子信道，有两个用户（A 和 B）同时接入系统，那么每个用户将会分配到两个子信道。如果 A 用户在第 3、4 个子信道上传输条件比较好，B 用户在所有子信道上传输条件都比较好，那么为了让整个系统获得更好的性能增益，系统将优先把第 3、4 个子信道分配给用户 A，再将第 1、2 个子信道分配给用户 B。这种利用多个用户信道差异进行的系统优化设计所获得的系统整体性能增益称为多用户分集增益。

在分散式子载波分配方式下，系统分配给一个子信道的子载波会分散在整个带宽上，各子信道中的子载波交替排列，从而可以获得频率分集增益。

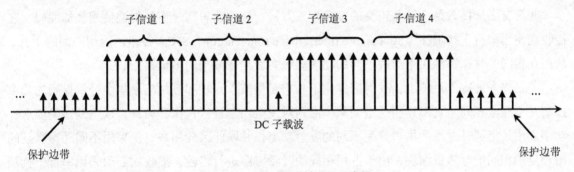

图 4-28 连续式子载波分配示意图

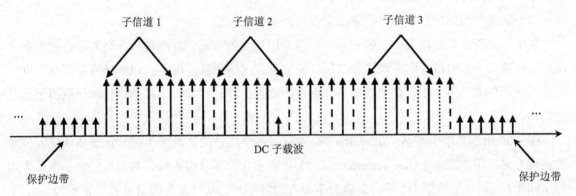

图 4-29 分散式子载波分配示意图

4.2.2 新型多址技术

在 5G 系统中，海量机器类通信（即大规模物联网的应用和发展）对传统的移动通信网络提出了新的要求。随着大规模通信接入请求的出现，传统的正交多址接入方式在支持海量用户连接方面遇到了瓶颈，因此，面向 5G 系统的新型多址技术被提出并引起了工业界和学术界的广泛重视。在 5G 系统中，除了传统的正交多址接入方式之外，首次引入了非正交的多址接入方式，以满足海量用户连接的通信请求。目前，较为热门的非正交接入技术包括非正交多址接入（Non-Orthogonal Multiple Access，NOMA）、多用户共享接入（Multi-User Shared Access，MUSA）、稀疏码多址接入（Sparse Code Multiple Access，SCMA）、图案分割多址接入（Pattern Defined Multiple Access，PDMA）和资源扩展多址接入（Resource Spread Multiple Access，RSMA）等。

其中，多用户共享接入、稀疏码多址接入和资源扩展多址接入都采用了传统移动通信系统的 CDMA+OFDM 框架结构，通过码域的扩展实现多用户非正交接入；非正交多址接入采用了功率域的扩展方案，图案分割多址接入则利用了多维度的扩展。

1. 非正交多址接入

（1）相关概念

非正交多址接入作为一种新的 5G 系统多址接入方案受到了广泛关注。非正交多址接入引入了功率域多用户多址技术，利用用户之间的信道差异提高了频谱效率，并依靠更先进的接收机在接收端进行多用户信号分离。

非正交多址接入是一种非正交的多址接入方式，其主要思想是在发射端使用叠加编码，在接收端使用串行干扰消除（Successive Interference Cancelation，SIC）技术消除用户间的干扰，从而在相同的时频资源块上通过不同的功率等级实现功率域上的多址接入。

非正交多址接入系统中，发射端采用了功率复用技术。功率复用与通信中经常提到的功率控制并不完全相同，功率控制是遵循某个准则对发射功率进行优化和设计，以达到性能要求；功率复用是指通过对不同用户分配不同的发射功率，并以此区分用户，使采用不同功率级别的用户复用相同的时频资源块，由于占用相同的时频资源进行传输，接收端必须采用串行干扰消除技术逐级分离混合在一起的多个用户。

（2）从基站端到用户端的下行非正交多址接入实现过程

在下行非正交多址接入中，基站同时给多个用户发射信息，并通过非正交的方式接入多个用户。在基站发射的信息中叠加了多个用户的信息，这些信息并没有从频率域或空间域上进行区分，在用户端，用户接收叠加后的多个用户的信息，并利用串行干扰消除技术提取属于自己的信息。

图 4-30 所示为单个基站（Base Station，BS）、两个用户的环境下下行非正交多址接入技术的实现方案。用户终端（User Terminal，UT）和基站均配备单根天线，两个用户分别表示为用户 1 和用户 2。基站给第 i 个用户发射功率为 P_i 的信息 x_i，基站发射的信号可以表示为

$$x = \sqrt{P_1}x_1 + \sqrt{P_2}x_2 \tag{4-5}$$

第 i 个用户接收的信息可以表示为

$$y_i = h_i x + w_i \tag{4-6}$$

这里的 h_i 是第 i 个用户与基站间的等效信道增益，w_i 是噪声项。第 i 个用户将采用串行干扰消除技术提取自己的信息。

串行干扰消除是指依次检测接收到的叠加在一起的多个信号，并将已检测的信号从接收信号中减去，从而只留下未检测的信号继续检测，最优的检测顺序是按照多个相互叠加信号的等效信噪比（Signal to Interference plus Noise Ratio，SINR）来进行排序。所谓信噪比，是指接收到的有用信号的功率与无用的干扰信号和噪声总功率的比值。信噪比的计量单位是 dB，其计算公式是 $10\lg\left(1+\dfrac{P_s}{P_i+N_0}\right)$。其中，$P_s$ 是有用信号的功率，P_i 是干扰信号的功率，N_0 是噪声的功率。

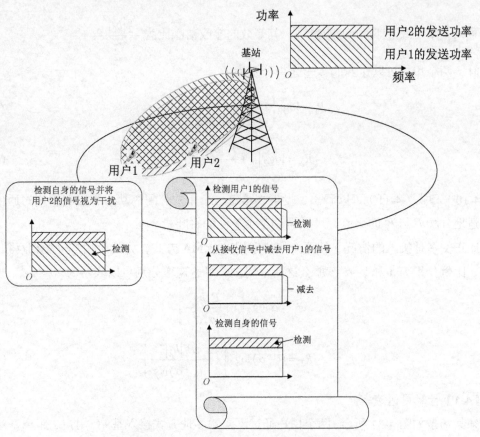

图 4-30　下行非正交多址接入技术的实现方案

如上述两个用户的例子，由于基站将两个用户的信号叠加在一起同时发射，每个用户都会受到另一个用户的干扰。假设基站给两个用户发射信号分配的功率分别为 P_1 和 P_2，若 $P_1 > P_2$，那么对于用户 1 而言，可以直接检测自己的信号，并将用户 2 的信号作为干扰，即

$$y_1 = h_1\left(\sqrt{P_1}x_1 + \sqrt{P_2}x_2\right) + w_1 = h_1\sqrt{P_1}x_1 + h_1\sqrt{P_2}x_2 + w_1 \tag{4-7}$$

其中，$h_1\sqrt{P_1}x_1$ 是有用信号项，$h_1\sqrt{P_2}x_2 + w_1$ 是噪声干扰项。因此，对于用户 1 而言，其等效的接收信噪比为 $\dfrac{P_1|h_1|^2}{P_1|h_2|^2 + N_1^2}$，其中，$N_1^2$ 是噪声 w_1 的方差。

对于用户 2 而言，由于其接收信号中用户 1 的有用信号所占的功率比例更大，用户 2 需要先将用户 1 的信息检测出来，并在接收信号中减去检测出的用户 1 的信号，再继续检测自己的信号。用户 2 接收的信号为

$$y_2 = h_2\left(\sqrt{P_1}x_1 + \sqrt{P_2}x_2\right) + w_2 = h_2\sqrt{P_1}x_1 + h_2\sqrt{P_2}x_2 + w_2 \tag{4-8}$$

先检测出 x_1，再将其从接收信号 y_2 中减去，得到

$$\hat{y}_2 = y_2 - h_2\sqrt{P_1}x_1 = h_2\sqrt{P_2}x_2 + w_2 \tag{4-9}$$

不考虑用户 2 在检测 x_1 信号时可能产生的检测误差和误差扩散，对于用户 2 而言，在检测

自身信号 x_2 时，只受到噪声 w_2 的影响，其等效的接收信噪比为 $\dfrac{P_2|h_2|^2}{N_2^2}$。

此时，两个用户可以达到的传输速率分别为

$$R_1 = \log_2\left(1 + \frac{P_1|h_1|^2}{P_1|h_2|^2 + N_1^2}\right) \tag{4-10}$$

$$R_2 = \log_2\left(1 + \frac{P_2|h_2|^2}{N_2^2}\right) \tag{4-11}$$

从式（4-10）和式（4-11）可以看出，发射端给每一个用户分配的功率将影响用户的通信速率，通过合适地分配 P_1 与 P_2 的比值，可以调制整个小区的吞吐量。

对比正交多址接入的情况，若两个用户采用 OFDMA 方式，为两个用户分配相互独立的通信资源，比例分别为 α 和 $1-\alpha$，那么这两个用户的可达速率分别可以表示为

$$R_1 = \alpha\log_2\left(1 + \frac{P_1|h_1|^2}{\alpha N_1^2}\right) \tag{4-12}$$

$$R_2 = (1-\alpha)\log_2\left(1 + \frac{P_2|h_2|^2}{(1-\alpha)N_2^2}\right) \tag{4-13}$$

【例 4-1】计算可达速率。

已知某场景如图 4-31 所示，两个用户通过不同的多址方式接入基站，用户 2 距离基站较近，等效的接收信噪比 $\lfloor h_1\rfloor^2/N_1^2$ 为 20dB；用户 1 位于小区边缘，距离基站较远，等效的接收信噪比 $\lfloor h_2\rfloor^2/N_2^2$ 为 0dB。试分别计算在下述不同情况下两个用户的可达速率。

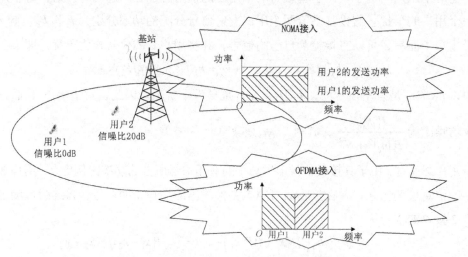

图 4-31　OFDMA 多址接入与 NOMA 多址接入对比

（1）采用 OFDMA 接入时，$\alpha = 0.5$，$P_1 = P_2 = \dfrac{1}{2}$。

（2）采用 NOMA 接入时，$P_1 = \dfrac{1}{5}$，$P_2 = \dfrac{4}{5}$。

分析：

（1）已知 $\alpha = 0.5$，$P_1 = P_2 = \dfrac{1}{2}$，则

$$R_1 = \alpha \log_2\left(1 + \frac{P_1|h_1|^2}{\alpha N_1^2}\right) = 3.33$$

$$R_2 = (1-\alpha)\log_2\left(1 + \frac{P_2|h_2|^2}{(1-\alpha)N_2^2}\right) = 0.5$$

（2）已知 $P_1 = \dfrac{1}{5}$，$P_2 = \dfrac{4}{5}$，则

$$R_1 = \log_2\left(1 + \frac{P_1|h_1|^2}{P_1|h_2|^2 + N_1^2}\right) = 4.39$$

$$R_2 = \log_2\left(1 + \frac{P_2|h_2|^2}{N_2^2}\right) = 0.74$$

从例 4-1 不难发现，虽然对于基站而言发射的总功率都为 1，但由于采用了不同的接入方式，每个用户实际的可达速率并不相同，采用 NOMA 接入时，两个用户的性能都可以获得一定程度的提升。

（3）从用户端到基站端的上行 NOMA 实现过程

图 4-32 所示为两个用户上行非正交多址接入（NOMA）系统的实现方案，用户 1 和用户 2 采用相同的时间和频率接入基站，通过功率差异实现多址接入；和下行 NOMA 相似，用户和基站均配备单根天线；两个用户分别表示为用户 1 和用户 2。用户 i 给基站发射功率为 P_i 的信息 x_i，x_i 满足 $E\left\{|x_i|^2\right\} = 1$。基站接收到的信号可以表示为

$$y = h_1\sqrt{P_1}x_1 + h_2\sqrt{P_2}x_2 + w \tag{4-14}$$

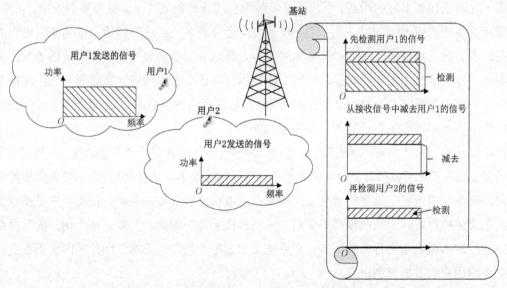

图 4-32 两个用户上行非正交多址接入系统的实现方案

这里的 h_i 是用户 i 与基站间的等效信道增益，w 是噪声项。若两个用户到达基站的等效信号接收功率与噪声功率的比值满足 $|h_1|^2 P_1 / N_0 > |h_2|^2 P_2 / N_0$，$N_0$ 是噪声功率，则基站将采用降序排列的连续干扰消除技术，先检测用户 1 的信号，并将用户 1 的信号从接收信号中减去，再检测用户 2 的信号。不考虑误差扩散，两个用户可以获得的最大可达速率分别为

$$R_1 = \log_2 \left(1 + \frac{P_1 |h_1|^2}{P_2 |h_2|^2 + N_0} \right) \tag{4-15}$$

$$R_2 = \log_2 \left(1 + \frac{P_2 |h_2|^2}{N_0} \right) \tag{4-16}$$

若两个用户到达基站的等效信号接收功率与噪声功率的比值满足 $|h_1|^2 P_1 / N_0 < |h_2|^2 P_2 / N_0$，$N_0$ 是噪声功率，则基站将采用降序排列的连续干扰消除技术，先检测用户 2 的信号，并将用户 2 的信号从接收信号中减去，再检测用户 1 的信号。不考虑误差扩散，两个用户可以获得的最大可达速率分别为

$$R_1 = \log_2 \left(1 + \frac{P_1 |h_1|^2}{N_0} \right) \tag{4-17}$$

$$R_2 = \log_2 \left(1 + \frac{P_2 |h_2|^2}{P_1 |h_1|^2 + N_0} \right) \tag{4-18}$$

NOMA 是一种功率域上的非正交多址接入方式，不同的用户可以在同一时间、同一频率和同一空间资源上共同接入网络，并通过发射功率的大小加以区分。虽然上述例子中，同一通信资源只分配给了两个用户，产生了用户间干扰，但在通信资源特别匮乏的场景下，如在移动物联网环境下海量用户同时接入网络的情况中，这样的非正交方式将大大增加系统可支持通信用户的个数。

2. 稀疏码多址接入

除了时间域和频率域的增益，系统还可以利用空间域和码域进一步提高频谱效率。虽然 4G 系统采用了多输入/多输出技术，并将在 5G 系统中通过更多天线进行传输，以期获得更大的空间增益，但针对码域资源的利用和开发相对较少。频域非正交多址技术——稀疏码多址技术有效地解决了 5G 系统中无线物联接入环境下海量用户非正交接入问题。稀疏码多址接入技术是一种低复杂度的多载波 CDMA 技术，通过使用复扩频序列将调制后的 QAM 信号扩展到 OFDMA 的子频带上，从而实现了多址接入，如图 4-33 所示。

稀疏码多址接入技术采用稀疏码本，通过码域多址接入提升了系统的整体性能。同时，采用稀疏码多址接入技术可以降低信令开销和延迟，提高频谱效率，从而满足 5G 系统的应用需求。

稀疏码多址接入是一种多维调制接入技术，通过相位和幅度的调制，使多用户星座点之间的欧氏距离被拉得更远，从而提高了多用户解调和抗干扰的能力。另外，每个用户的数据都使用系统分配的稀疏码本进行多维调制，而系统又知道每个用户的码本，因此可以在不正交的情况下把不同用户的数据解调出来。

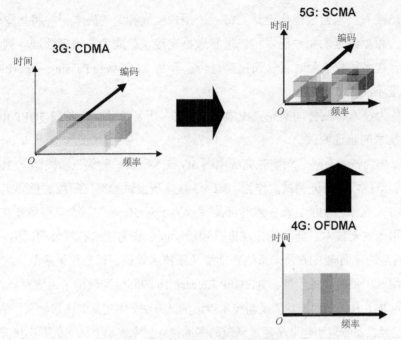

图 4-33　稀疏码多址接入示意图

　　图 4-34 所示为上行多用户稀疏码多址接入示意图。在发射端，每一个用户的信息比特经过信道编码后被送入 SCMA 编码器，映射为稀疏码序列发射出去，每一个用户采用特定的码本。稀疏码本是一个多维调制和低密度扩展的联合优化，其设计是保证整个稀疏码多址接入系统良好性能和灵活性的关键因素。它以稀疏的方式将编码比特直接映射到复数域中的多维序列上，最大化了星座点之间的平均距离。

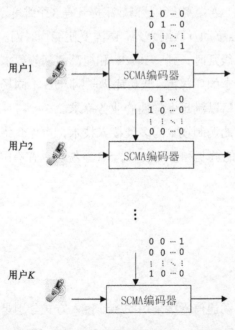

图 4-34　上行多用户稀疏码多址接入示意图

稀疏码多址接入技术通过优化设计为每一个用户生成特定的码本，并将星座映射和扩展调制结合在一起，根据给定的用户码本将二进制数据直接映射成为多维复数域序列。序列的设计采用稀疏结构，在多用户检测时可以通过消息传递算法（Message Passing Algorithm，MPA）检测，译码复杂度不高。

【例 4-2】华为技术有限公司率先完成中国 5G 技术研发试验第三阶段 3GPP Release 16 及未来新功能、新技术的验证测试。

2018 年底，华为技术有限公司率先完成中国 5G 技术研发试验第三阶段面向 3GPP Release 16 及未来新功能、新技术的验证测试。作为中国 5G 技术研发试验第三阶段的重要组成部分，面向 3GPP Release 16 及未来新功能、新技术验证测试致力于对 5G 系统三大典型场景在 Release 16 及未来标准中将引入的新技术、新功能标准进行预研验证。华为技术有限公司严格依照 IMT-2020（5G）推进组制定的《面向 R16 及未来的新功能及新技术验证测试方法》规范，成为首个完成三大场景下必选测试用例的设备厂商，为 3GPP Release 16 国际标准做出了重要贡献。

针对《面向 R16 及未来的新功能及新技术验证测试方法》中定义的海量物联网通信场景，华为技术有限公司已经具备针对小包业务通过稀疏码多址接入技术支撑上亿的极限连接能力。不仅如此，针对上行大连接视频传输场景，华为技术有限公司已实现 5G 系统中的视频业务的流畅运行。

4.3 本章小结

需求定义如同灯塔，牵引着 5G 技术的研究目标和方向。ITU-R 已于 2015 年 6 月定义了未来 5G 的三大典型场景，分别是增强型移动互联网业务、海量连接的物联网业务和超高可靠性与超低延时业务，并从吞吐率、延时、连接密度和频谱效率提升等 8 个维度定义了对 5G 系统的能力要求。

5G 除了需要进一步增强移动互联网之外，还需要使能物联网。5G 时代的业务将空前繁荣，从远程实时操控要求的毫秒级延时，到 VR/AR 和超高清视频要求的吉比特每秒级带宽，再到每平方千米上百万连接数要求的广覆盖、低功耗物联网，5G 不同场景对空口的设计要求差别巨大，必须引入革命性的新空口以满足多样性的业务需求。

本章讨论了无线通信中的调制技术与多址接入技术，重点介绍了 5G 系统中的新调制、新波形和新多址技术。通过新的调制和多址技术，5G 系统可以在有限的通信资源内支持更快、更多的通信业务。

4.4 课后习题

1. 选择题

（1）第三代和第四代移动通信网络采用的多址接入方式分别是（   ）。

    A．TDMA 和 FDMA   B．都是 CDMA

C. CDMA 和 OFDMA　　　　　　　　D. OFDMA 和 TDMA

（2）下列（　　）属于非正交多址接入技术。

A. OFDMA　　　　　B. NOMA　　　　　C. TDMA　　　　　D. SDMA

（3）下列（　　）不是多载波调制技术。

A. OFDMA　　　　　B. F-OFDM　　　　　C. SCMA　　　　　D. CDMA

（4）通过不同的功率等级实现功率域上非正交多址接入的是（　　）。

A. OFDMA　　　　　B. NOMA　　　　　C. TDMA　　　　　D. SDMA

（5）下述对稀疏码多址接入（SCMA）技术描述正确的是（　　）。

A. SCMA 技术是一种正交多址接入方式

B. SCMA 技术利用空间资源实现了信号的同时同频传输

C. SCMA 多址接入需要通过串行干扰消除实现接收信号的检测

D. SCMA 技术是一种低复杂度的多载波 CDMA 技术

2. 简答题

（1）什么是调制？根据调制信号类型的不同，可以将信号分为哪几类？

（2）请比较时分多址、频分多址、码分多址接入方式的特点。

（3）请叙述正交频分复用（OFDM）技术的特点。

（4）F-OFDM 新波形的设计思想是什么？

（5）非正交多址接入（NOMA）技术的主要思想是什么？

第 5 章
毫米波通信系统

毫米波通信是一种极富应用前景的通信方式，得到了业界的广泛关注。与传统的低频无线通信系统相比，毫米波频段具有丰富的频谱资源，可以提供更大宽度的连续频段用于无线通信，近年来得到了广泛的应用。

目前，对毫米波通信的应用研究主要集中在毫米波蜂窝系统和毫米波无线局域网上。在毫米波蜂窝系统中，研究较多的是 28GHz 和 38GHz 频率上的信道特性和信道建模，而在毫米波无线局域网中，主要工作是 60GHz 频率的标准化进程。

高频段的电磁波空间自由损耗严重，反射能力弱，因此适合传统低频无线通信的信道模型已不再适合用来描述毫米波的信道特性。在信号处理技术方面，数模混合预编码技术能有效减少实际系统中的射频链路个数，其与大规模天线阵列技术的结合应用在毫米波通信系统中具有良好的实用前景。

本章将具体介绍毫米波通信的理论基础，特别是信道的建模过程，并详细介绍 5G 系统和无线局域网中毫米波技术的应用。

学习目标

① 了解毫米波通信的特点，掌握毫米波无线信道的建模方法。

② 了解毫米波通信的应用研究，了解毫米波通信在 5G 系统中的应用。

③ 了解毫米波无线局域网通信协议。

5.1　毫米波通信的概念及特点

随着通信事业，尤其是个人移动通信的高速发展，无线电频谱的低频段通信资源已日益饱和。虽然可以采用一些高阶调制方式或各种多址技术扩大通信系统的容量，提高频谱的利用率，但仍无法满足未来通信发展的需求。为了实现高速、宽带的无线通信，新的频谱资源开发势在必行。增加带宽是增加容量和传输速率最直接的方法，5G 系统最大带宽将会达到 1GHz，考虑到目前频率占用情况，5G 系统将不得不使用高频进行通信。图 5-1 所示为 5G 系统频谱规划，从图中可以看出，毫米波频段将会在 5G 系统中得到广泛应用。

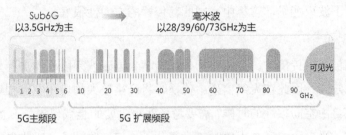

图 5-1　5G 系统频谱规划

毫米波是指频率在 30～300 GHz，相应波长在 1～10mm 的电磁波。利用毫米波进行通信的方法叫作毫米波通信。毫米波通信具有较丰富的通信频谱资源，可以提供较大的连续频带，再配合高效的多址复用技术、调制方式等，可以使系统的传输能力产生巨大的飞跃。除此之外，毫米波通信采用了较高的频段，干扰源较少，传播可靠性高。

图 5-2 所示为不同传输频段（3.5GHz、28GHz、39GHz）、视距（Line of Sight，LoS）和非视距（None Line of Sight，NLoS）两种情况下随着距离衰减的示意图。毫米波是高频段的电磁波，传输特性比传统低频段电磁波的传输特性更复杂，高频段电磁波不容易穿过建筑物或者障碍物，并且可以被植物和雨水吸收，因此受无线通信环境的影响更为明显。高频段电磁波随着通信距离的增加衰减较为严重，因此，单条链路的覆盖范围有限，一般多适用于较短的通信距离。

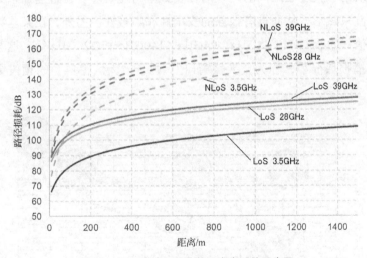

图 5-2　不同传输频段随着距离衰减的示意图

针对毫米波的这一特点，其应用场景多为视距范围内的通信。在 5G 系统中部署毫米波通信网络的时候，需要通过增加小基站或采用异构的网络拓扑结构来提升传统蜂窝小区的覆盖范围。另外，毫米波受空气中各种悬浮颗粒物的影响较大，传输波束较窄，与阵列天线技术相结合具有更好的方向性，更适合点对点的通信环境。在天线尺寸方面，毫米波波长极短，因此所需的天线尺寸很小，可以在有限的空间范围内集成更多的天线。

5.1.1 毫米波的信道建模

毫米波频段的频率很高，绕射能力较差，在自由空间中几乎是以直射波的形式进行传播的，但毫米波的优点在于波束能量非常集中，因此其传播的方向性很好。

1. 自由空间损耗

电磁波在无线信道中传播时，自由空间损耗将随着电磁波频段的增加而呈指数级别增长。毫米波信号通信频段高，因此在无线信道中传播时将产生较大的自由空间损耗。

在研究毫米波自由空间损耗的时候，需要考虑两个主要的衰减现象，一个是大气吸收衰减，另一个是降雨衰减。当电磁波穿越大气时，大气分子、气溶胶粒子会吸收电磁波能量，使其出现不同程度的能量衰减，这就是大气吸收衰减现象。大气吸收衰减会受到电磁波频率、水蒸气密度及大气中的悬浮微粒（如尘埃、烟雾、微生物）密度等参数的影响。传统 2.4GHz 的无线电波传输时，大气吸收衰减现象并不严重，但对于工作在 28GHz 或 60GHz 的毫米波信号而言，大气吸收衰减现象将较为严重。

图 5-3 所示为 0～400GHz 频率范围内电磁波的大气吸收衰减曲线，从图中可以看出，随着电磁波频率的增加，大气吸收衰减呈现上升的趋势。但这样的衰减并不是绝对的，随着频率的变化，图中的曲线并不是单调上升的，在 60GHz 左右，曲线有一个明显的峰值，电磁波每传输 1km 会产生 20dB 左右的衰减。类似的情况在 120GHz、180GHz 等频点也会出现。这表明在这些频率上，电磁波在大气中传播时将受到很严重的衰减，称为"衰减峰"。位于"衰减峰"的频段可以用于实现短距离的无线通信，如室内通信等。在这些通信系统中，可以采用阵列天线实现波束赋形，从而具有很强的安全性和隐蔽性。另外，在某些频段上会出现大气吸收衰减的谷值，如 35GHz、45GHz、94GHz、140GHz 和 220GHz 等，这些频段上的电磁波在大气中的传播损耗很小，称为"大气窗口"。位于"大气窗口"的频段更适合较远距离的毫米波通信。

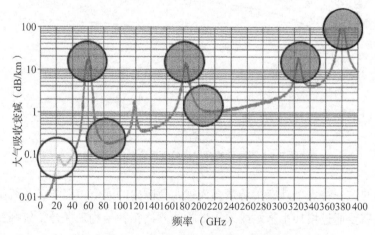

图 5-3　电磁波的大气吸收衰减曲线

除了大气吸收衰减外，降雨也会对毫米波信号的传输造成一定的影响，与其他频段的信号相比，毫米波信号在降雨等恶劣天气下进行传播时的衰减特性更为显著。雨滴的尺寸与毫米波波长的尺寸相近，半径范围为 0.05～4mm，因此会引起信号的散射。同时，降水量的大小和雨滴的微观形状也会对毫米波信号的衰减产生影响。降雨可通过在一段时间内累积的降雨深度来衡量，称为降雨率，单位为 mm/h，当降雨率固定时，在电磁波频率小于 200GHz 的范围内，电磁波的降雨衰减随其频率的增加而增大。当电磁波频率固定时，降雨率越大，造成的降雨衰减也就越大。在降雨率为 25mm/h 的强降雨天气下，28GHz 和 38GHz 频段的降雨衰减率分别为 6dB/km 和 8dB/km，传输 200m 距离时产生的衰减分别为 1.2dB 和 1.4dB，同样距离下，70GHz 的电磁波产生的衰减将达到 2dB。

2. 阴影效应

当发射机和接收机间距相等时，信号衰落仍然会有差别，这是因为除了大尺度衰落之外，电波的强度还存在阴影效应。建筑物或其他物体对电磁波的传输路径有遮挡时会产生接收盲区，从而形成电磁波阴影。阴影效应是指在这一区域内，电磁波的强度由于遮挡而产生大幅的降低，从而影响信号的正常接收。在实际中，人们看不到电磁波，但是可以借助仪器设备对电磁波的强度进行测量。以手机为例，如果其正好位于阴影区域之内，那么它很可能无法正常接收到基站发射来的信号。如果这个手机需要向基站发射信号，那么它需要加大实际的发射功率。

由于阴影效应的存在，实际的衰减会随着传播环境的不同而改变，不同的传播路径将产生不同的损耗。相比于低频段电磁波的通信，毫米波通信的阴影效应更为复杂。

5.1.2　毫米波信道模型

毫米波信道模型的研究是一个很广泛的课题，科学家们已经在这方面做出了许多工作，并得到了许多有效的建模方式。在实测之前，经常需要对系统进行软件的模拟和仿真，在对毫米波系统进行模拟时，可以借鉴已有的研究成果，搭建合适的模型，实现对系统的分析。在现有的毫米波建模方案中，较为常见的是将其建模为簇模型。本节将结合具体的通信环境，以多天线环境下的毫米波信道为例，详细分析毫米波信道的建模问题。

考虑一个慢时变的信道环境，即信道的参数不随时间的变化而变化。从发射端到接收端有多条传输路径，在这些路径中，有直达径也有非直达径。非直达径由空间散射体产生，在信道建模时，通常对散射体分簇进行简化。若信道中有 N 个散射簇，每一个散射簇可以产生 L_i 条有效的反射路径，$i = 1, \cdots, N$，如图 5-4 所示，第 i 个散射簇的第 l 条路径的离开角（Departure of Antenna，DoA）的方位角（Azimuth Angle，AA）和达到角（Arrival of Antenna，AoA）的方位角分别标记为 $\phi_{i,l}^{\mathrm{t}}$ 和 $\phi_{i,l}^{\mathrm{r}}$；离开角的俯仰角和达到角的俯仰角分别标记为 $\theta_{i,l}^{\mathrm{t}}$ 和 $\theta_{i,l}^{\mathrm{r}}$。

从发射端到接收端的多径信道可以分为直达径和非直达径两个部分，表达式为

$$H(\tau) = H_{\mathrm{NLoS}}(\tau) + H_{\mathrm{LoS}}(\tau) \tag{5-1}$$

其中，$H_{\mathrm{NLoS}}(\tau)$ 是由非直达径产生的信道衰落对应的等效信道抽头系数，$H_{\mathrm{LoS}}(\tau)$ 对应直达径的等效信道抽头系数。

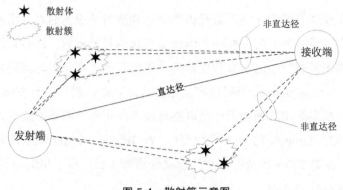

图 5-4　散射簇示意图

1. 非直达径

影响非直达径信道衰落的因素有信道的路径损耗、方位角、俯仰角及发射端和接收端的滤波器设计等参数。假设 $h_{TX}(t)$ 代表发射成形滤波器，$h_{RX}(t)$ 代表接收成形滤波器，那么可以用 $h_{TX}(t)$ 和 $h_{RX}(t)$ 的卷积 $h_{TX}(t)*h_{RX}(t)$ 代表系统的等效滤波器，即 $h(t) = h_{TX}(t)*h_{RX}(t)$。

非直达径在第 τ 个时隙内的等效信道抽头系数可以表示为

$$H_{NLoS}(\tau) = \gamma \sum_{i=1}^{N} \sum_{l=1}^{L_i} \alpha_{i,l} \sqrt{L(i,l)} a_r(\phi_{i,l}^r, \theta_{i,l}^r) \otimes a_t^H(\phi_{i,l}^t, \theta_{i,l}^t) h(\tau - \tau_{i,l}) \tag{5-2}$$

其中，γ 是一个能量归一化参数，进行能量归一化的目的是使接收信号的能量与发射天线和接收天线数的乘积成正比，γ 可以表示为 $\gamma = \sqrt{\dfrac{N_t N_r}{\sum_{i=1}^{N} L_i}}$；$\alpha_{i,l}$ 是一个服从（0,1）复高斯分布的随机变量，代表路径的增益；$L(i,l)$ 是第 i 个散射簇第 l 条路径的自由路径损耗，与路径的长度成正比，与电磁波波长成反比，也就是说，传输的路径实际距离越大衰减就越大，随着电磁波频率的增加路径损耗也越大，在不同的通信环境下，如室内环境或室外环境，$L(i,l)$ 的数值会有所差异；$a_r(\phi_{i,l}^r, \theta_{i,l}^r)$ 和 $a_t^H(\phi_{i,l}^t, \theta_{i,l}^t)$ 分别是归一化的接收和发射天线阵列矢量，根据不同的方位角和俯仰角而映射为不同的数值，$\otimes$ 代表这两个矢量的内积。

$L(i,l)$ 的参数设计可以表示为

$$L(i,l) = -20\lg\left(\frac{4\pi}{\lambda}\right) - 10n\left(1 - b + \frac{bc}{\lambda f_0}\right)\lg(r_{i,l}) - X_\sigma \tag{5-3}$$

其中，f_0 是一个固定的参考频率，因不同的环境而有所差异，c 是光速，λ 是电磁波的波长，$r_{i,l}$ 是第 i 个反射簇第 l 条反射路径的实际传输长度，X_σ 是零均值 σ^2 的高斯随机变量，σ^2、n、b 这 3 个参数因不同的场景而选取不同的数值。表 5-1 给出了 4 种不同场景下的相关参数值。

表 5-1　　　　　　　　　　　　　　　4 种不同场景下的相关参数值

场景	模型参数
都市街道环境下的宏小区	n=3.19，σ =8.2dB，b=0
开阔地带的宏小区	n=2.89，σ =7.1dB，b=0

场景	模型参数
室内办公区域	$n=3.19$，$\sigma=8.29\text{dB}$，$b=0.06$，$f_0=24.2\text{GHz}$
室内大型商场	$n=2.59$，$\sigma=7.40\text{dB}$，$b=0.01$，$f_0=39.5\text{GHz}$

在采用平面天线阵列的毫米波通信环境下，发射天线阵列水平轴和垂直轴的天线数分别为 Y_t 和 Z_t，接收天线阵列水平轴和垂直轴的天线数分别为 Y_r 和 Z_r，那么 $a_r(\phi_{i,l}^r, \theta_{i,l}^r)$ 和 $a_t^H(\phi_{i,l}^t, \theta_{i,l}^t)$ 可以表示为

$$a_x(\phi_{i,l}^x, \theta_{i,l}^x) = \frac{1}{\sqrt{Y_x Z_x}}\left[1, \cdots, e^{-jkd(m\sin\phi_{i,l}^x \sin\theta_{i,l}^x + n\cos\theta_{i,l}^x)}, \cdots, e^{-jkd((Y_x-1)\sin\phi_{i,l}^x \sin\theta_{i,l}^x + (Z_x-1)\cos\theta_{i,l}^x)}\right] \quad (5\text{-}4)$$

其中，$x=t,r$。

2. 直达径

直达径是指从发射端没有经过任何反射和折射到达接收端的那一条传输路径，直达径也称为可视径。由于通信环境的差异，从发射端到接收端可能存在直达径，也可能不存在直达径。若存在直达径，则用 ϕ_{LoS}^t 和 ϕ_{LoS}^r 分别代表离开角和达到角的方位角，用 θ_{LoS}^t 和 θ_{LoS}^r 分别代表离开角和达到角的俯仰角。$H_{LoS}(\tau)$ 可以建模为

$$H_{LoS}(\tau) = e^{j\eta}\sqrt{L(d)}a_r(\phi_{LoS}^r, \theta_{LoS}^r)a_t^H(\phi_{LoS}^t, \theta_{LoS}^t)h(\tau - \tau_{LoS}) \quad (5\text{-}5)$$

其中，η 在 0 到 2π 内均匀分布。

5.2　毫米波的应用

毫米波方向性很好，但自由路径损耗和降雨衰减非常严重，根据传播规律可知，自由空间全向路径的损耗与频率的二次方成正比，因此，毫米波通信系统需要采用大规模阵列天线通信技术（如波束成形和定向传输）来弥补毫米波传播的路径损耗。毫米波 45GHz 频段正好处于大气损耗的一个低谷位置，每千米衰减仅仅为 1dB，因此 45GHz 频段具有很好的应用价值。此外，国际上关于毫米波 60GHz 频段无线通信也有较多研究，包括无线个域网、无线局域网、无线高清多媒体接口、汽车雷达、医疗成像及卫星际通信等多个领域。毫米波 60GHz 频段无须许可即免费使用，大大降低了用户的使用成本，所以得到了广泛的应用。

5.2.1　毫米波频段部署及应用

下一代移动通信将面临更复杂的新业务，如 3D 沉浸式应用程序、移动云服务、游戏和社交网络应用程序等，这些都需要更大容量和更高速率的数据传输。毫米波频段具有更丰富的频带资源，可以提供 5G 系统增强型移动宽带所需的容量增加和海量数据速率，从而实现超快的通信体验。

ITU 为 5G 定义的要求之一是增强型移动宽带场景，该场景不仅需要满足容量增长的要求，

还需要满足峰值高达 10 Gbit/s 的用户数据传输速率。由于在较高的频谱范围内有大量的可用频谱，毫米波技术无疑是实现高速率传输的一种有效方案。作为 5G 接入网络的一部分，毫米波技术有望被应用在固定无线接入、室内/室外小单元接入及小单元回程的无线通信场景中。

Release 15 标准定义了 5G 系统的如下所述 3 段毫米波频谱。

（1）n257（26.5～29.5GHz），俗称 28G 频谱。

（2）n258（24.25～27.5GHz），俗称 26G 频谱。

（3）n260（37～40GHz），俗称 39G 频谱。

目前，各国的无线电协会都在致力于 5G 系统毫米波频段的部署与研究工作。其中，美国联邦通信委员会（FCC）于 2016 年 7 月针对 24GHz 以上频谱用于无线宽带业务宣布了新的规则和法令，使美国成为全球首个宣布规划频谱用于 5G 系统无线技术的国家。目前，其 28G 和 39G 的商用频谱已有产品问世。2016 年底，欧盟委员会无线频谱政策组发布了欧洲 5G 系统频谱战略，在毫米波频段方面明确将 26G 频段作为欧洲 5G 系统高频段的初期部署，并建议欧盟各成员国保证该频段在 2020 年前释放，以满足 5G 系统市场需求。我国工业和信息化部也在 2017 年就国内 5G 系统毫米波频段的规划和使用建议发布了公开征求意见函，并进行了相关的实验和测试工作。

为了增强国际竞争力，具有支持毫米波模组的手机研发也成为终端生产商的必争之地。尽管如此，实现 5G 系统毫米波的广域覆盖和移动性仍然是 5G 系统工业界面临的技术难题。

接下来，通过具体的案例介绍 5G 毫米波商用进展。

【例 5-1】5G 系统毫米波空口试验。

2018 年初，德国电信和中国的华为技术有限公司在德国波恩的德国电信园区成功地完成了世界上第一次使用 73GHz 毫米波技术在各种现实环境下进行的 5G 系统多小区高频段毫米波现场测试。这次试验测试了室外和室内技术部署中的毫米波性能和传播特性。

波恩的 5G 系统毫米波试验展示了多输入/多输出技术的传输能力，利用先进的天线技术、自适应波束成形技术和波束跟踪技术，在 1GHz 带宽内实现了静止和移动场景下的吉比特每秒的数据传输速率。该 5G 系统毫米波试验对包括直达径和非直达径在内不同环境中的系统性能进行了演示和评估。此外，试验评估了毫米波传输中玻璃建筑的渗透性、树叶和办公室室内场景内电磁波的损耗等问题。

【例 5-2】39GHz 毫米波远距离通信试验。

2017 年底，中国的华为技术有限公司和日本的运营商 NTT DOCOMO 在日本最大的商业区横滨成功地在毫米波 39GHz 频段完成了一次 5G 系统长距离移动通信联合现场试验。如图 5-5 所示，这次试验采用了 39GHz 毫米波，静止用户终端设备在 1.5km 的距离下实现了超过 3Gbit/s 的下行吞吐量，在 1.8km 的距离下实现了超过 2Gbit/s 的下行吞吐量。

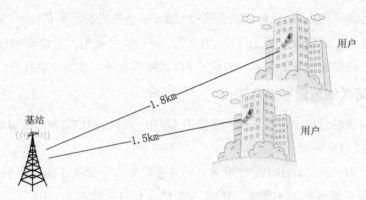

图 5-5 静止场景 39GHz 毫米波实验场景

该测试系统由横滨媒体塔上的基站和测试车上的用户终端组成，采用了先进的波束成形技术，将无线电波集中在某一方向，以实现远距离传输。超过 20km/h 行驶速度的移动试验车辆上装有用户终端的设备，实现了超过 2Gbit/s 的最大速率下行数据传输。

这次实验是业界首次在宏小区覆盖场景中验证远距离毫米波传输的移动性应用的实验，证明了 39GHz 毫米波可用于静止和移动场景中的远程传输，甚至在城市复杂的部署环境中也可以适用。这一成功的试验结果为 5G 毫米波的部署和应用打开了新的大门，验证了利用运营商当前的宏蜂窝站点，通过 5G 毫米波进行远距离移动传输的可能性，并实现了使用 5G 毫米波完成 5G 增强移动宽带业务，为 5G 高速数据传输提供了新的实现方案。

【例 5-3】毫米波在接入回程中的应用。

2018 年 5 月，中国的华为技术有限公司和日本的电报电话公司通过使用 39GHz 毫米波频段完成了接入回程（Integrated Access Backhaul，IAB）技术的成功试验，这是 5G 毫米波应用联合试验的一个里程碑。在传统理论上，由于毫米波频段的高自由空间传播损耗，毫米波信号只能提供有限的覆盖范围。在非视线条件下，需要利用波束成形技术集中传输功率，将无线电波集中在指定的方向上进行远距离传输。波束成形技术减轻了无线回程链路和无线接入链路之间的干扰，并能在同一频率上同时传输数据。此外，集成接入回程节点可以通过上下行快速波束交换实现低延迟数据传输，有效协调回程链路和接入链路之间的无线资源调度。

这次联合试验在日本横滨使用 39GHz 毫米波完成了 5G 基站与 5G 中继站之间的无线回程功能，从而测试了采用 5G 中继站实现基站覆盖范围之外用户通信的通信吞吐量和延时性能。在测试过程中，中继站和用户设备都处于移动状态。试验表明，采用接入回程技术能显著提高毫米波覆盖率和容量。同时，集成接入回程技术将有利于在高层建筑之间、孤岛上或铺设光纤存在问题的山区中使用高速、低延迟的 5G 通信。

【例 5-4】高速远程毫米波现场试验。

中国的华为技术有限公司和日本的电报电话公司在 28GHz 毫米波频段上成功实现了 1.2km 的远距离高速数据传输。

该现场试验在东京市中心的东京天树进行，基站位于高度为 340m 的观景台上，用户终端被放置在 1.2km 远的屋顶处。在视窗玻璃造成-10dBm 穿透损失的不利条件下,实现了 4.52Gbit/s 以上的下行吞吐量和 1.55Gbit/s 以上的上行吞吐量。该试验中采用了华为技术有限公司的 5G 基站,支持大规模天线和波束成形技术,实现了 5G 沉浸式视频、高清晰语音通话和视频等业务。

5.2.2 毫米波无线局域网标准化工作

毫米波无线局域网标准中应用较为广泛的有 60GHz 频段的 IEEE 802.11ad 标准和 45GHz 及 60GHz 的 IEEE 802.11aj 标准。

2009 年 1 月,IEEE 802.11ad 工作组成立,并在次年 6 月颁布了第一个版本的标准。经过多次修订,2014 年完成该标准的制定。IEEE 802.11ad 标准工作在 60GHz 频段,支持多种物理层模式,包括毫米波控制模式、毫米波 OFDM 模式、毫米波单载波模式和毫米波低功率单载波模式。IEEE 802.11ad 标准在实现上引入了天线阵列技术和中继技术,可以实现很高的吞吐能力。在毫米波正交频分复用模式下,采用 64QAM 调制方式,IEEE 802.11ad 可以达到接近 7Gbit/s 的数据传输速率。波束成形和定向天线的使用可以使其实现更远距离的传输,而中继传输技术主要通过中继站转发模式扩大覆盖范围,使 IEEE 802.11ad 标准能更好地适应无线视频、快速文件传输等应用场景。

IEEE 802.11aj 也是 IEEE 802.11 家族中的一员,由 IEEE 标准协会批准开发,旨在针对中国毫米波频段的特点制定下一代无线局域网标准,系统运行在 45GHz 频带和 60GHz 频带。

IEEE 802 系列标准将数据链路层分成两个子层,分别是逻辑链路控制(Logical Link Control,LLC)层和介质访问控制(Medium Access Control,MAC)层,如图 5-6 所示。逻辑链路控制层是局域网中数据链路层的上层部分,实现数据链路层与硬件无关的功能,如流量控制、差错恢复等。介质访问控制层定义了数据分组怎样在介质上进行传输,其提供了数据链路控制层和物理层之间的接口。

图 5-6　IEEE 802 系列标准数据链路层分层结构

IEEE 802.11aj 标准主要针对物理层和 MAC 层进行规范。IEEE 802.11aj 的物理层支持 540MHz 和 1080MHz 两种信道带宽,采用了前向纠错码和低密度奇偶校验码,共有 1/2、3/4、5/8、13/16 四种编码速率,调制方式支持 BPSK、QPSK、16QAM 和 64QAM,空间支持最大 4 路数据流传输。

IEEE 802.11aj 标准定义了控制模式、单载波(Single-Carrier,SC)模式和 OFDM 模式 3 种传输模式。其中,控制模式用于强健性的定向发射和接收,提供可靠的通信覆盖。单载波模式和 OFDM 模式能通过多输入/多输出传输机制支持分集和复用传输。OFDM 模式能有效克服频率选择性衰落,且其较大的延时扩展使对障碍和反射信号的处理更灵活,可以支持长距离通信。但 OFDM 模式传输的峰均比和功率消耗相比于单载波模式较高，所以采用单载波模式的传输方案具有更低的功耗。

控制模式和单载波模式是系统必须支持的，而 OFDM 模式是系统的可选传输模式。根据传输模式、调制方式和码率的不同，IEEE 802.11aj 标准支持多种不同的编码调制（Modulation and Coding Scheme，MSC）速率。

1. 控制模式

控制模式是 IEEE 802.11aj 标准中的必选模式，其调制方式和编码速率如表 5-2 所示，用 MCS0 标记。

表 5-2　　　　　　　　　　　控制模式的调制方式和编码速率

MCS 标号	调制方式	编码速率
0	$\pi/2 - \text{BPSK}$	1/2

控制模式下的数据分组结构包含控制模式的短训练序列（Short Training Field，STF）、信道估计域（Channel Estimation Field，CEF）和 SIG 字段。除此之外，还有其他可选的自动增益控制（Automatic Gain Control，AGC）和收发（Receiver/Transmitter，R/T）子域，如图 5-7 所示。

STF	CEF	SIG	AGC	R/T

图 5-7　控制模式下的数据分组结构

控制模式、单载波模式和 OFDM 模式 3 种模式下的数据分组结构中都包含短训练序列、信道估计域和 SIG 字段，但这几个字段的设计并不完全相同。在这 3 种模式下的数据分组结构中，只有 SIG 字段是一致的，从而保证在不知道传输模式的情况下能正确接收数据并得到分组信息。对于短训练序列和信道估计域，其会因采用不同的传输模式而有所差异。

（1）短训练序列字段

所谓训练序列，是指无线通信系统在发射信息序列之前所发射的，发射端和接收端都已知的一串固定的符号串。通过这一串约定好的符号，接收端可以完成信号的检测和同步。接收端通过短训练序列字段进行信号检测、自动增益控制、符号定时和粗频率偏差估计。

IEEE 802.11aj 标准规定控制模式下的短训练序列字段由 50 个长度为 32 时隙的 $Z(n)$ 序列重复构成，其对应的时域波形为

$$r_{\text{STF}}(nT_c) = Z(n \bmod 32)e^{j\pi\frac{n}{2}} \quad n = 0,1,\cdots,50\times32-1 \tag{5-6}$$

其中，T_c 是单载波模式下 540MHz 传输带宽时系统的码片时间。

（2）信道估计域

数据分组结构中的信道估计域由 4 个不同符号的 $Z(n)$ 序列级联构成，其序列为 $[-Z(n), Z(n), -Z(n), -Z(n)]$，对应的时域波形可以表示为

$$r_{CEF}(nT_c) = \begin{cases} -Z(n\bmod 256)e^{j\pi\frac{n}{2}} & n = 0,1,\cdots,255 \\ Z(n\bmod 256)e^{j\pi\frac{n}{2}} & n = 256,\cdots,256\times 2-1 \\ -Z(n\bmod 256)e^{j\pi\frac{n}{2}} & n = 256\times 2,\cdots,256\times 3-1 \\ -Z(n\bmod 256)e^{j\pi\frac{n}{2}} & n = 256\times 3,\cdots,256\times 4-1 \end{cases} \tag{5-7}$$

信道估计域与短训练序列字段共同构成前导码的部分，控制模式下的前导码格式如图 5-8 所示。

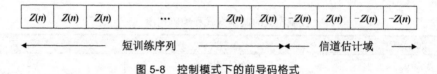

图 5-8　控制模式下的前导码格式

前导码的格式对于控制模式、单载波模式和 OFDM 模式都是通用的，它由一个短训练序列和一个信道估计域组成。在单载波模式和 OFDM 模式下，短训练序列的内容是相同的，信道估计域的内容是不同的。

（3）SIG 字段和数据字段

SIG 字段承载了解调物理层数据包的具体信息，包括扰码初始值、指示传输模式、指示多空间流传输、数据长度、编码调制方式、带宽选择、功率节省模式和空时分组码等信息。数据字段携带了需要传输的信息。控制模式下的 SIG 字段和数据字段均采用 π/2–BPSK 的调制方式和循环冗余校验。SIG 字段和数据字段的生成过程包括扰码、编码、调制和扩展 4 个步骤。

2. 单载波模式

单载波模式也是 IEEE 802.11aj 标准中的必选模式，由 MCS1～MCS3 分别标记单载波模式下的 3 种不同的编码方式。单载波模式下的数据分组格式如图 5-9 所示。在 540MHz 带宽和 1080MHz 带宽环境下，数据分组格式略有不同。540MHz 带宽下，数据分组由短训练序列、信道估计域、SIG 字段，数据字段及其他可选的自动增益控制和收发子域字段组成，1080MHz 带宽下的数据分组比 540MHz 带宽下的数据分组多了一个单载波信道估计域（Single-carrier Channel Estimation Field，SCEF）。SCEF 字段由长度为 512 时隙的 $Z(n)$ 序列组成。

540MHz 带宽			
短训练序列	信道估计域	SIG 字段	数据字段

1080MHz 带宽				
短训练序列	信道估计域	SIG 字段	SCEF 字段	数据字段

图 5-9　单载波模式下的数据分组格式

（1）短训练序列

单载波模式和 OFDM 模式下的数据分组结构中的短训练序列字段采用了相同的格式，由

17 个长度为 32 时隙的 $Z(n)$ 序列重复构成，其对应的时域波形为

$$r_{\mathrm{STF}}(nT_{\mathrm{c}}) = Z(n\bmod 32)\mathrm{e}^{\mathrm{j}\pi\frac{n}{2}} \quad n=0,1,\cdots,17\times32-1 \tag{5-8}$$

其中，T_{c} 仍然是单载波模式下传输带宽为 540MHz 时系统的码片时间。

（2）信道估计域

单载波模式下的信道估计域由 4 个不同符号的 $Z(n)$ 序列级联而成，在 540MHz 带宽下，其形式为 $[-Z(n), Z(n), Z(n), -Z(n)]$；在 1080MHz 带宽下，其形式为 $[-Z(n), -Z(n), Z(n), Z(n)]$。两种带宽下对应的输出波形分别如式（5-9）和式（5-10）所示。

540MHz 带宽下的信道估计域波形为

$$r_{\mathrm{CEF}}(nT_{\mathrm{c}}) = \begin{cases} -Z(n\bmod 256)\mathrm{e}^{\mathrm{j}\pi\frac{n}{2}} & n=0,1,\cdots,255 \\ Z(n\bmod 256)\mathrm{e}^{\mathrm{j}\pi\frac{n}{2}} & n=256,\cdots,256\times2-1 \\ Z(n\bmod 256)\mathrm{e}^{\mathrm{j}\pi\frac{n}{2}} & n=256\times2,\cdots,256\times3-1 \\ -Z(n\bmod 256)\mathrm{e}^{\mathrm{j}\pi\frac{n}{2}} & n=256\times3,\cdots,256\times4-1 \end{cases} \tag{5-9}$$

1080MHz 带宽下的信道估计域波形为

$$r_{\mathrm{CEF}}(nT_{\mathrm{c}}) = \begin{cases} -Z(n\bmod 256)\mathrm{e}^{\mathrm{j}\pi\frac{n}{2}} & n=0,1,\cdots,255 \\ -Z(n\bmod 256)\mathrm{e}^{\mathrm{j}\pi\frac{n}{2}} & n=256,\cdots,256\times2-1 \\ Z(n\bmod 256)\mathrm{e}^{\mathrm{j}\pi\frac{n}{2}} & n=256\times2,\cdots,256\times3-1 \\ Z(n\bmod 256)\mathrm{e}^{\mathrm{j}\pi\frac{n}{2}} & n=256\times3,\cdots,256\times4-1 \end{cases} \tag{5-10}$$

所以，单载波模式两种带宽下数据分组结构中的前导码结构如图 5-10 所示。

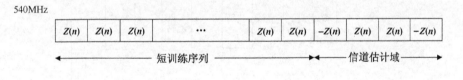

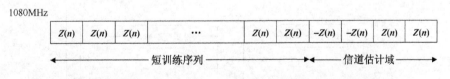

图 5-10　单载波模式两种带宽下数据分组结构中的前导码结构

（3）SIG 字段和数据字段

图 5-11 所示为单载波模式下 SIG 字段数据在发射端的处理过程。首先，需要生成 SIG 字段的数据，即从发射向量的参数中获取参数信息，增加保留比特，以便完成循环冗余校验。其

次，生成的二进制 SIG 字段数据流依次经过扰码、LDPC 编码和星座映射模块，在 1080MHz 带宽条件下还需要经过两倍的过采样实现数据复制。最后，系统根据发射天线数目的不同将处理好的数据映射到不同的天线上，并对每一根天线发射单元上的数据进行不同的循环移位，加入保护间隔，再经过脉冲滤波成形后通过射频天线发射。

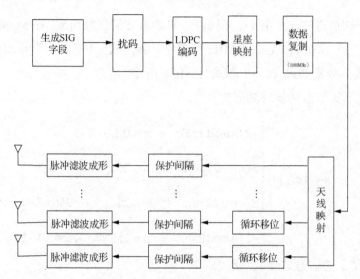

图 5-11 单载波模式下 SIG 字段数据在发射端的处理过程

数据字段就是需要传输的二进制信息比特流，其在发射前也需要经过一系列信号处理过程。首先，进行扰码和 LDPC 编码。其次，根据发射信息序列的长度对比定义的数据字段长度进行补零操作，构造规定长度的数据字段。再次，通过流解析的操作，根据发射天线数目的不同，将原本串行的数据分解为几个并行的数据流。最后，并行的数据流经过星座调制、空间扩展和脉冲滤波成形后通过射频天线发射，如图 5-12 所示。

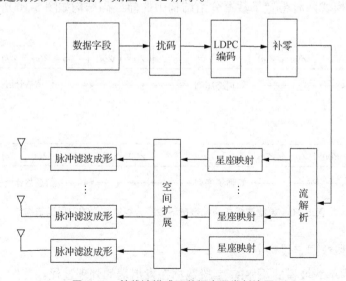

图 5-12 单载波模式下数据字段发射流程

3. OFDM 模式

OFDM 模式是 IEEE 802.11aj 标准的可选模式，其数据分组包括短训练序列、信道估计域、SIG 字段、OFDM 短训练序列（OFDM Short Training Field，OSTF）、OFDM 信道估计域（OFDM Channel Estimation Field，OCEF）、OFDM 符号数据字段及其他可选的自动增益控制和收发子域，如图 5-13 所示。

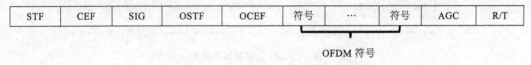

图 5-13　OFDM 模式下的数据分组格式

（1）前导码

和单载波模式类似，OFDM 模式下的前导码仍然包含短训练序列和信道估计域，其短训练序列的构造与单载波模式下相同，实现系统的同步和信道估计的功能。其信道估计域由 4 个不同符号的 $Z(n)$ 序列级联而成，540MHz 带宽下的形式为 $[-Z(n), Z(n), Z(n), Z(n)]$，1080MHz 带宽下的形式为 $[-Z(n), Z(n), Z(n), Z(n)]$，对应的输出波形分别如式（5-11）和式（5-12）所示。

540MHz 带宽下的信道估计域波形为

$$r_{\mathrm{CEF}}(nT_{\mathrm{c}}) = \begin{cases} -Z(n\bmod 256)\mathrm{e}^{\mathrm{j}\pi\frac{n}{2}} & n=0,1,\cdots,255 \\ Z(n\bmod 256)\mathrm{e}^{\mathrm{j}\pi\frac{n}{2}} & n=256,\cdots,256\times2-1 \\ Z(n\bmod 256)\mathrm{e}^{\mathrm{j}\pi\frac{n}{2}} & n=256\times2,\cdots,256\times3-1 \\ Z(n\bmod 256)\mathrm{e}^{\mathrm{j}\pi\frac{n}{2}} & n=256\times3,\cdots,256\times4-1 \end{cases} \tag{5-11}$$

1080MHz 带宽下的信道估计域波形

$$r_{\mathrm{CEF}}(nT_{\mathrm{c}}) = \begin{cases} -Z(n\bmod 256)\mathrm{e}^{\mathrm{j}\pi\frac{n}{2}} & n=0,1,\cdots,255 \\ -Z(n\bmod 256)\mathrm{e}^{\mathrm{j}\pi\frac{n}{2}} & n=256,\cdots,256\times2-1 \\ -Z(n\bmod 256)\mathrm{e}^{\mathrm{j}\pi\frac{n}{2}} & n=256\times2,\cdots,256\times3-1 \\ Z(n\bmod 256)\mathrm{e}^{\mathrm{j}\pi\frac{n}{2}} & n=256\times3,\cdots,256\times4-1 \end{cases} \tag{5-12}$$

540MHz 和 1080MHz 带宽下，OFDM 模式前导码结构如图 5-14 所示。

（2）SIG 字段

OFDM 模式下的 SIG 字段占一个 OFDM 符号，其中有效位为 80bit，并采用无符号二进制方式进行编码，最低有效位在前，字段中保留的比特位（没有定义的比特）均用 0 来填充。

需要注意的是，在 OFDM 模式下，STF、CEF 和 SIG 字段均以单载波模式进行传输，以 1080MHz 带宽进行传输时，STF、CEF 和 SIG 字段在基带上需要进行两倍的过采样处理。

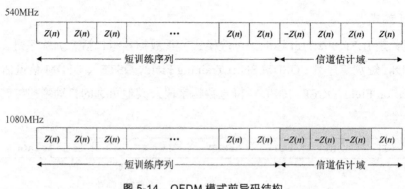

图 5-14　OFDM 模式前导码结构

（3）OFDM 短训练序列

OFDM 短训练序列主要用于改善多天线系统传输时的自动增益控制，其在发射之前需要经过相位旋转、循环移位、空间映射、逆傅里叶变换、插入保护间隔和成形滤波等信号处理操作。

（4）OFDM 信道估计域

OFDM 信道估计域用于接收端多天线系统的信道估计，其符号个数与空间的数据流个数有关，最大支持 4 根天线的配置。除此之外，接收机还可以根据 OFDM 信道估计域完成系统的相位跟踪和频偏估计。

（5）OFDM 符号数据字段

OFDM 符号数据字段的处理和单载波模式下是不同的。如图 5-15 所示，二进制信息序列先经过扰码和 LDPC 编码处理，再根据定义的数据字段的长度进行符号的补零运算，并通过流解析将单路数据流映射为多路并行的数据流，在每一路数据流上分别进行星座映射、插入导频、循环移位的操作。最后，每一路数据经过逆傅里叶变换和滤波成形后得到时域信号并发射出去。

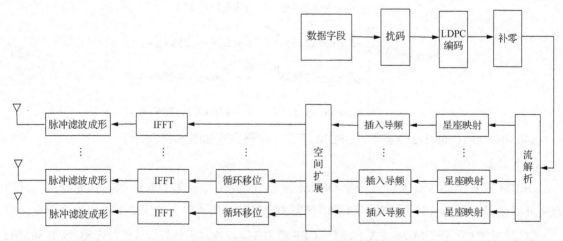

图 5-15　OFDM 符号数据字段的处理

5.3　本章小结

　　传统低频无线通信系统频谱资源有限，传输速率的提高已经变得非常困难。未来的无线通信需要连续的大带宽，以满足高速率的通信需求。高频段，尤其是毫米波频段的通信系统，具有丰富的频谱资源，可以大幅提高通信带宽，满足系统高容量、高速率的要求，特别适用于流量大、用户密度高、移动性低的热点高容量无线通信场景。毫米波通信技术的发展为弥补与解决通信中稀缺的频谱资源提供了新的途径。

　　本章讨论了毫米波通信系统及其关键技术。毫米波频段与传统低频电磁波的衰减特性并不相同，作为毫米波通信系统研究的基础，本章首先介绍了毫米波的信道特性，随着通信距离的增加，毫米波信号衰减明显，因此不适合远距离传输。除此之外，毫米波由于频段较高，阴影效应也更为明显。

　　其次，作为毫米波通信的两个主要的发展方向，本章具体介绍了 5G 系统环境下的毫米波研究进展和 IEEE 802.11aj 标准的技术内容。

　　毫米波频段是 5G 系统频谱战略的重要组成部分，是 5G 系统峰值流量的主要承载频段。ITU-R 专门针对毫米波频段的频谱需求及兼容性问题展开研究，以期为 5G 系统分配更多全球或区域内协调的频谱资源，为各国毫米波频谱规划和使用提供指导。

　　无线局域网标准 IEEE 802.11aj 工作在中国的 45GHz 和 60GHz 两个毫米波频段，针对室内10m 半径覆盖范围，旨在实现 10Gbit/s 的吞吐率。无线局域网标准 IEEE 802.11aj 是首个以多输入/多输出技术为关键技术的毫米波无线局域网标准，主要规定了无线局域网内固定、手持及移动站点设备的无线连接的媒体接入控制层和物理层规范。IEEE 802.11aj—2018 标准的发布，不仅进一步完善了无线局域网标准，推动了相关技术、产业、应用的发展，还是我国标准化组织与国际先进标准化组织的合作模式的创新探索，为我国在国际上争夺关于毫米波技术的话语权打下了坚实的基础。

5.4　课后习题

1. 选择题

（1）与低频电磁波相比，对毫米波的特性描述不正确的是（　　）。

　　A. 随着通信距离的增加信号衰减不太明显，因此更适合远距离传输

　　B. 受空气中各种悬浮颗粒物的吸收较大，传输波束较窄

　　C. 毫米波通信具有较丰富的通信频谱资源

　　D. 毫米波频段的频率很高，所以绕射能力较差

（2）在某些频率上，电磁波在大气中传播时将受到很严重的衰减，这样的情况称为"衰减峰"，下述频率属于"衰减峰"的是（　　）。

  A. 10GHz   B. 35GHz   C. 45GHz   D. 60GHz

（3）在某些频率上，电磁波在大气中传播时所受到的损耗很小，称为"大气窗口"。下述频率属于"大气窗口"的是（ ）。

  A. 10GHz   B. 35GHz   C. 120GHz   D. 60GHz

（4）电磁波经过不同传输路径到达接收端时，每一条路径经历的信号衰减程度不同，称为（ ）。

  A. 自由空间损耗 B. 阴影效应   C. 多径衰落   D. 降雨衰减

（5）下述不属于 IEEE 802.11aj 标准定义的传输模式的是（ ）。

  A. 控制模式   B. 单载波模式   C. OFDM 模式   D. 非正交接入模式

2. 简答题

（1）请简述毫米波通信的特点。

（2）在毫米波信道建模中，需要考虑哪些因素？

（3）举例说明毫米波技术在 5G 系统环境中的研发进展。

第 6 章
中继技术与异构网络

5G 系统通过多天线技术、高效的编码调制等技术方案有效提升了系统在单位频带内的传输效率，但有限的频谱资源在面对与日俱增的移动宽带业务时，还是显得捉襟见肘，高效的网络规划和拓扑结构设计也相当重要。异构的网络拓扑结构在长期演进版本中已有定义，不同级别的基站单元按其可达最大发射功率从大到小的顺序依次称为宏基站、微基站及皮基站。

中继站是 LTE Release 10 规范中添加的另一种低功率基站，它可以通过无线的方式接入宏基站。在用户向基站发射信号的过程中，中继站可以接收用户发射的信号并转发给宏基站，并通过宏基站接入核心网。从用户端的角度来看，中继站充当宏基站的角色，而从宏基站的角度来看，中继站为一个无线终端。中继站的引入可以有效提升原有宏小区的覆盖范围。

LTE Release 9 标准中给出了家庭基站的概念。家庭基站是一种低功率的基站，用于家庭或室内环境的无线覆盖，直接接入核心网，是一种私有的基站。家庭基站在部署时没有考虑和宏小区之间的干扰协调问题，因此如果其使用了和宏小区相同的频率资源，那么它们之间会产生很大的通信干扰。

本章主要讨论中继技术与异构网络，并详细讲解中继技术与异构网络中的关键问题。

学习目标

① 掌握中继技术的概念，比较不同工作模式下的中继站及其特点。

② 掌握异构网络的概念，了解异构网络在 5G 系统中的研究进展。

③ 了解中继技术及异构网络的关键技术。

6.1 中继技术

本书第 1 章讨论了无线信道的衰落问题，当接收端距离发射端较远的时候，由于大尺度路径损耗的存在，会使到达接收端的信号功率出现严重的衰减，发射端需要增加发射功率才能保证通信过程的正常进行。但是，在大多数情况下，发射端的发射功率是有限的，不可能无限制地增加。另外，如果接收端位于阴影衰落特别严重的地区，其通信质量也会受到很大的影响。

一种改善现有网络覆盖的方法是增加现有基站，其为宏基站，但是这样的方案造价成本比较高，尤其不适用于已经具有良好布网的城市环境；另一种方法是通过将如家庭基站、中继站（Relay Node，RN）或远程射频头（Remote Radio Heads，RRH）等低功率基站引入现有的小区拓扑结构中，以适应具有较高通信需求的密集通信场景，如图 6-1 所示。这些低功率基站相对比较便宜，也更容易建设，运营商可以通过组建微小区（也可称为小小区，指由中继节点或家庭基站服务的用户范围）通信单元，并将其与宏小区（宏小区指由基站服务的用户范围）紧密集成，以分散流量负载，提升现有小区的通信能力和服务质量，最有效地利用频谱资源。例如，在用户需求量较大的热点地区，可以通过增加临时或者永久的小基站弥补传统宏基站在覆盖上的盲区，或提升小区边缘用户的通信体验。当然，这些小基站也可以通过从宏基站卸载移动业务提升整个网络的性能和服务质量。

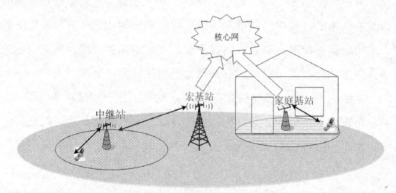

图 6-1   中继站与异构小区示意图

在小区蜂窝通信系统或无线局域网通信系统中，可以通过增加基站或接入点部署的密度来解决小区的覆盖问题。例如，校园无线网络的覆盖，多增加一些接入点，特别是在原有通信盲区中安置接入点，通信体验就会大大提升，然而，这样将导致整个网络的建设成本、运营成本和维护成本的增加。为了满足下一代无线网络无所不在的通信需求，利用无线中继站增强通信网络的通信能力是一种很有效的解决方案。与基站相比，中继站可以作为传输过程中的接力棒，其本身并不需要具有基站的全部功能，只需要完成转发的任务，因此建设成本、运营成本和维护成本都比基站要低，也可以进行较高密度的部署。

在传统小区内，靠基站较近的用户可以获得高速率的通信，但小区边缘的用户获得的通信质量较差。在中继站增强型小区中，不会出现通信质量过差的区域。同时，基站可以动态地为多个中继站分配资源，通过中继站的优化调度，平衡小区内局部区域过重的通信负荷，小区的平均吞吐率还会获得提升。在传统的通信网络结构中部署中继站、基站和移动终端，并通过多跳链路完成数据通信是一种基于中继技术的高效、低成本无线网络组网方案。

中继站辅助的通信方式可以解决现有蜂窝式无线通信系统的一些问题，例如，当用户距离基站较远时需要保持较高的发射功率才能维持通信的畅通，在建筑物密集的城区环境中会出现通信的死角或盲区等。然而，中继站到基站的传输链路需要占用额外的无线资源，因此无线资源的管理问题会变得更加复杂和重要。

6.1.1　中继站的概念

1. 中继站的引入

在蜂窝小区通信中，为了区别数据的传输方向，定义了上行传输和下行传输。从用户终端向基站或接入点发射数据的过程称为上行传输，从基站或接入点向用户终端发射数据的过程称为下行传输。

在传统蜂窝小区中引入中继站可以在上、下行通信中采用接力的形式传输信息，有效地提高系统的传输能力和覆盖范围。最早基于中继站辅助通信的系统模型可以追溯到 1971 年 E.C. van der Meulen（E. C. 范德梅伦）提出的三节点无线中继站通信系统。而后，多中继辅助通信系统及多天线技术在中继站辅助通信系统中的应用逐渐成为理论研究的热点，并逐渐得到了业界的认可。

三节点无线中继站通信系统模型如图 6-2 所示，它是最简单、最早提出的采用中继辅助通信的模型之一。

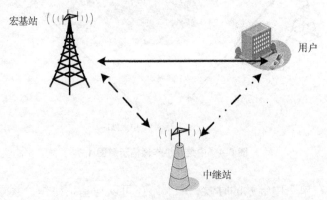

图 6-2　三节点无线中继站通信系统模型

该模型中有 3 个通信单元，分别是基站、中继站和移动终端用户。在传统的通信网络中，基站与移动终端用户之间直接进行通信。但在三节点无线中继站通信系统中，终端用户正好位于某高大建筑物的阴影之中，信号功率将出现严重的衰减。在这种环境下就可以通过中继站帮助位于阴影区域内的用户完成高质量通信。当用户需要发射信号到基站时，可以由中继站接收到该信号后转发给基站，完成一次通信的过程；当基站需要发射信号给用户时，也可以通过相同的方式，借助中继站完成通信过程。

由于中继站的引入，系统的通信过程也会变得复杂，以下行的通信为例，整个通信过程被分为两个时隙。图 6-3 所示为三节点通信系统模型中的时隙规划，在第一个时隙里，基站发射信号，中继站接收信号在第二个时隙内，中继站转发信号，终端用户接收信号。当然，这里忽略了在第一个时隙和第二个时隙内中继站进行信号处理所花费的时间。

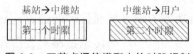

图 6-3 三节点通信模型中的时隙规划

2. 中继站的通信模式

如果终端用户并没有处于某个高大建筑物的阴影之中，是不是就不需要中继站了呢？也不尽然。中继站在蜂窝小区内的通信方式主要可以分为协作模式和多跳模式两种。图 6-4 所示为中继站协作通信示意图，其展示了基站、中继站和移动终端用户三者之间的通信过程，此时，用户通过两个中继站辅助完成与基站的通信，这种由多个中继站共同协作完成基站与用户间通信的方式称为协作模式。协作模式可以充分利用多个中继站的空间分集，获得传输容量和可靠性的提升。

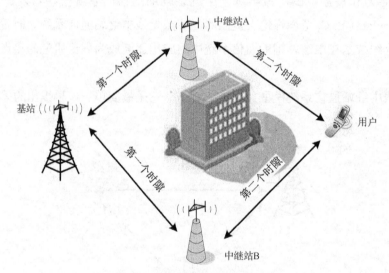

图 6-4 中继站协作通信示意图 1

不仅如此，仅存在单个中继站的时候，中继站还可以与基站协作，共同为用户提供服务。如图 6-5 所示，用户可以与基站进行通信，也可以与中继站进行通信，如果用户既接收基站发射来的数据，又接收中继站发射来的数据，那么用户将得到两份数据，这两份的数据是冗余的，所以用户可以通过冗余的信息提升译码的准确性。

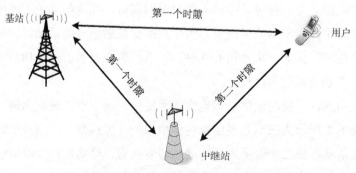

图 6-5 中继站协作通信示意图 2

在图 6-4 和图 6-5 所示的两种协作环境下，基站、中继站和移动终端用户之间的通信时隙规划中，在第一个时隙内，基站广播需要发射给用户信息，用户和中继站接收该信息；在第二个时隙内，中继站将接收到的信息进行一定的处理之后发射，用户继续接收由中继站转发而来的信息。此时，用户可以接收到通过不同传输路径获取的包含相同信息的数据，从而获得空间的分集增益。

图 6-6 所示为多跳模式下基站、中继站与移动终端用户间的通信示意图，可以看出，随着系统中所引入的中继站个数的增加，单个小区的覆盖范围也增加了，通过多个中继站的接力传输，可以扩大单个小区的覆盖范围。当然，通过中继站接力的方式扩大覆盖范围也会引入一些新的问题，如中继站与基站之间的通信是否会产生干扰、多跳的传输方式是否会增加通信的延时、应该采用全双工的中继站还是半双工的中继站等，这些都应在系统设计时进行优化，并通过协议的形式规范通信过程。

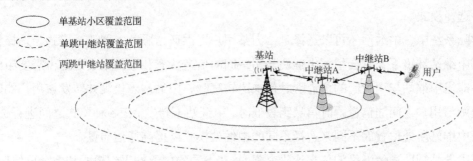

图 6-6　多跳模式下基站、中继站与移动终端用户间的通信示意图

3. 中继站的工作模式

（1）按信号处理方式不同分类

中继站可以对传输的数据进行一定的处理，按照信号处理方式的差别，中继站的工作模式可以大致分为放大转发（Amplify Forward，AF）模式、解码转发（Decoding Forward，DF）模式及编码协作（Cooperative Coding，CC）模式等。基于通信场景的差异，无线通信系统将选择不同工作模式的中继站。

在放大转发模式下，中继站只是简单地将接收到的信号放大并发射出去。在这种模式下，接收端接收到的信号与直接从发射端接收的信号相比有一定的延时。

根据中继站收发信号的方式不同，中继站又可以分为全双工中继站和半双工中继站。所谓全双工通信，是指在同一时间内允许基站与用户终端进行双向的通信。所谓半双工通信，是指一个时间段内只允许基站与用户终端进行单向的通信，但通信的方向可以在下一个时隙内改变。全双工中继站配备了单独的发射天线与接收天线，允许同时进行数据的发射和接收操作。半双工中继站通常只配置一套天线，在不同的时隙内切换，进行发射和接收操作。显然，全双工中继站具有更高的数据传输能力，但其对硬件的要求也更高，在天线设计时还需要考虑到发射、接收信号之间的干扰及电路的耦合等问题。

在解码转发模式下，中继站将试图对接收到的信号进行解码，再进行重新编码并转发。这种模式的优点是比较简单，且对各种信道都有较好的适应性。

编码协作模式将协作技术和信道编码技术结合起来，基本思想是对正确解出的信号重新进行编码后再发射出去。在解码转发模式下，中继站对接收到的用户信息进行正确解码后，再按照原编码方式在下一时隙发射给接收端，此时，系统性能的改善是通过在不同空间重复发射冗余信息而获得的。

（2）按接收/发射信号的关系分类

按照接收/发射信号的关系，可以把中继站分为模拟模式和数字模式两种基本模式。在模拟模式下，信号不需要经过数字化处理就被中继站发射出去，因此又称为"非再生中继（Non-Regenerative Relaying）"。工作在放大转发模式下的中继站就属于这种中继。相对的，在数字模式下，中继需对信号进行解码、编码后再发射出去，因此又称为"再生中继（Regenerative Relaying）"。

（3）选择模式

在实际系统中，中继站还可以选择是否为某用户提供通信服务，即选择模式。选择模式应用在解码中继站环境下，它会根据中继站与用户间的信道状态和条件来决定是否需要中继站进行辅助，即当中继站与用户间的信道瞬时信噪比较高时，中继站才检测并转发该用户的数据；而当中继站与用户之间的信道瞬时信噪比较低时，中继站不转发。在各种模式之间进行选择时，可以根据中继站所处位置的不同来选择不同的中继站模式以提高通信质量。

对于中继站辅助通信网络的信息论研究表明，在不同的中继站工作模式和信息反馈模式下，中继站数目的改变对系统容量的影响也是不同的。在基站和移动终端都配备了 M 根天线的通信系统中，如果中继站和移动终端都已知信道信息，那么系统的容量不但随天线数目 M 线性增长，还随中继站的个数对数增长。在基站和中继站都无法获知信道信息的情况下，中继站可以看作一个主动散射体，可以弥补由于空间散射不充分所造成的能量损失。

6.1.2　中继技术的发展

中继技术可以有效增强系统的覆盖能力，对抗阴影衰落。多个无线通信标准都采用了中继技术作为其关键技术之一。

1. IEEE 802.16 中的中继技术研究

IEEE 802.16 标准组织于 2005 年 9 月成立了移动多跳中继（Mobile Multi-hop Relay，MMR）研究小组，研究在 IEEE 802.16 系统中采用中继技术的可行性和实施方案。通过研究，该任务组确定了基于中继站辅助的蜂窝结构扩展方向，并最终确定采用基于蜂窝基础的树形架构作为其网络拓扑结构。

IEEE 802.16 中根据中继站工作类型的差异将中继站分为简单中继站、复杂中继站和移动中继站 3 种。简单中继站可以看作一个功率直放站，它只具有功率放大的功能，不支持控制功能。简单中继站功能单一，操作简单，相对成本也较低。复杂中继站与简单中继站相比可以支持控制功能，可以进行路由的选择和资源的调度。简单中继站和复杂中继站都是以固定的形式安放的，可以自由移动的中继站称为移动中继站。移动中继站可以在相邻小区内切换，具有路由功能，可以解决负载均衡和热点切换等问题。无论是简单中继站、复杂中继站还是移动中继站，都可以支持多根天线的配置。

根据是否支持移动性，IEEE 802.16 系统主要使用了固定中继站、游牧中继站和移动中继站 3 种中继站。固定中继站可以对某一区域提供长期、稳定的覆盖，它既可以作为基站的补充，对小区边缘、建筑物内部、隧道或地下建筑进行覆盖；又可以用于扩展小区范围，将基站信号延伸到小区外部。游牧中继站可以满足一些区域临时性或突然增加的通信需求，如在某些赛事的赛场中通常会集中出现突发的大量话务或数据业务的需求，利用游牧中继站可以将业务负载平衡到邻近的基站上。移动中继站主要面向某些公共交通工具上的用户，由于是群体移动的，在经过不同的小区时可能产生大量的切换请求，大量用户分别进行链路调整会加重沿途基站的负担。如果通过中继站接入网络，则需要切换和调整的仅为中继站与基站之间的链路，终端与中继站之间的链路相对稳定。将上述 3 种类型的中继站布建于适当的位置，能够使信号避开不理想的传输路径，进而减少信号衰减；同时，在转发信号时，中继站会加强其功率，使用户所收到的信号质量大为改善。

IEEE 802.16 协议采用透明切换管理小区与小区间用户的转移。基站利用中继站的消息集合来断开基站和所属移动终端的连接，可以有效地避免每个移动终端和基站的交互，减小信令流程，降低中继站辅助通信中的延时，提高系统性能。

2. WINNER 计划中的中继技术研究

欧盟 WINNER 计划在 2006 年的技术报告中以 100 多页的篇幅专门介绍中继站的概念及中继站辅助通信技术与传统蜂窝网络的融合。WINNER 计划提出将一个小区分成数个微小区，在传统单基站式的蜂窝小区中添加固定中继站，由于位置的差异，同一小区中的用户将会有不同的接入点。以基站为接入点的用户和以中继站为接入点的用户在频谱资源的分配和帧结构的设计上也会有所差异。WINNER 计划的中继站增强型新型小区通信中考虑了 TDMA 和 SDMA 两种多址接入方式，并支持 TDMA 与 SDMA 相结合的多址接入方式，此时的通信系统包括从基站到用户的直接通信过程和基站到中继站再到用户的间接通信过程两种异构的帧结构，因此资源的优化分配显得格外重要。

另外，WINNER 计划还针对多跳传输的中继增强通信系统方案的可行性和适用场景进行了论证。基于多中继站多跳的传输可以提高通信的抗毁性能，有利于热点通信的转移。此时，信号的传输需要通过多个中继站的接力完成，对频谱资源的分配和调度设计提出了更高的要求。

3. 5G 系统中的中继技术研究

5G 系统也将支持基于中继站的网络拓扑结构，其宽带无线通信的组网方式与传统的无线接入方式最大的差异就是接入方式的多样性，移动终端可以直接通过中继站接入无线网络，也可以在中继站的协作下通过基站接入无线网络，其部署示意图如图 6-7 所示。

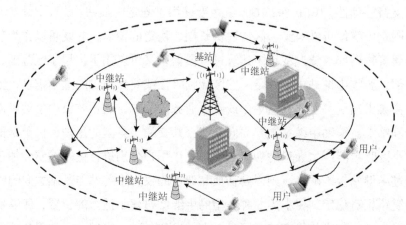

图 6-7　基于中继站的 5G 系统部署示意图

由于存在大尺度衰落效应，在以基站为基本传输单元的小区结构的通信系统中，有效的数据传输效率会随着用户与基站间等效传输距离的增加而减小。在传统蜂窝网络结构中，小区边缘的用户很难实现真正意义上的高速率数据传输。引入中继技术后，可以有效抵抗由于路径损耗所带来的信号功率衰减，提升小区覆盖范围内，特别是边缘用户的通信体验。另外，由于信号在传输过程中受地形、地貌的影响，如城区环境中建筑物的遮挡、地下环境等，基站往往不能完全覆盖其小区范围内的所有区域，而这些覆盖不到的区域就被称为小区中的通信盲区或死区。在基站覆盖能力比较差的区域和小区的边缘地带安放中继站，并通过中继站的接力完成整个通信过程，可以有效地减少通信盲区，并扩大小区的覆盖范围。移动中继站可以在小区的不同位置为用户提供接入，还可以在小区与小区间进行切换，这样有助于提高小区整体的通信质量和热点区域的转移。

LTE Release 10 规范中对中继站的工作类型和工作策略进行了定义，将中继站分为 Type1 类型和 Type2 类型。Type1 类型的中继站可以独立控制某个小范围区域内的终端，具有独立的小区标识和无线资源管理机制。Type1 类型的中继站根据其使用频谱资源的差异又分为 Type1a 型和 Type1b 型。其中，Type1a 型中继站与终端之间的通信链路和基站与中继站之间的通信链路使用不同的频谱，Type1b 型中继站与终端之间的通信链路和基站与中继站之间的通信链路使用相同的频谱。Type2 类型的中继站与 Type1 类型的中继站相比，在功能上稍弱一些，只具有独立的物理层、MAC 层、RLC 层，没有独立的小区标识，部分控制功能仍由基站提供。

在蜂窝网络中加入中继站组成的新型无线网络，可以通过基站和中继站同时向用户传输数据，因此可以通过复用或空间分集获得容量增益。虽然基站通过中继站向用户传输数据是一个两跳的通信链路，即中继站需要占用一定的频带资源，但是，不同的用户可以选择不同的中继站进行数据的传输，因此可以极大地弥补两跳通信所造成的容量损失。当建筑物和其他障碍物阻挡了基站到用户的传输路径并造成大尺度阴影衰落时，这个容量损失甚至有可能变成一个增益。

6.1.3　中继站管理与资源优化

由于中继站，尤其是移动中继站的加入，传统的通信协议需要发生变化。基站除了要管理用户在小区间的切换外，还要对中继站进行管理。原先的切换主体由单一的用户扩展为用户与移动中继站两种。在中继站协作网络中，切换的场景可以分为小区间的切换与小区内的切换，小区间的切换是指用户或移动中继站从一个小区转入另一个小区；小区内的切换是指用户在一个小区内两个中继站间的切换，或者在同一小区的中继站与基站间的切换。

1.　中继站管理

要想使中继站协作网络发挥最大效用，离不开中继站的管理。中继站管理的研究主要集中在两个方面，分别为中继站选择和功率分配。

中继站选择是在众多中继站中选择一个或几个用来辅助传输。目前，中继站的选择策略主要基于物理距离、路径损耗和瞬时信道状态等。基于物理距离的选择策略通常基于中继站的路由位置信息，需要通过全球定位系统定位接收机，或通过信噪比信息来预测获知。此时，系统实现过程复杂度较高，适用于固定类型的中继站，不太适用于移动中继站。基于路径损耗的选择策略基于动态选择算法，需要实时的信道信息，增加了系统的开销和复杂度。基于瞬时信道状态的选择策略是一种随机的分布式的中继站选择方法，也能获得较好的系统性能。

中继站协作网络的功率分配是指在基站、中继站和用户之间合理分配功率资源，以解决远近效应，增加系统容量，提高系统误码率性能。目前，基于中继站的协作网络的功率分配的研究主要包括性能准则、功率限制、功率分配策略、系统架构等方面。功率分配策略在完全已知全部信道状态信息的情况下可以达到最优的功率分配效果。然而，在实际系统中，完全获知信道状态信息进行信息反馈的系统不太容易实现，通常只考虑具有信道统计信息或有限信道状态信息的情况。

2.　资源优化

传统的蜂窝式小区通信中会出现同频干扰。所谓同频干扰，是指多路信号由于使用相同的载波频率而造成的相互之间的干扰。为了抑制相邻小区间的同频干扰，通常采用提高频率复用因子的方法，即在相邻的小区中划分不同的通信频带，如图 6-8 所示。

在中继增强型蜂窝式小区环境中，将一个中继站服务的区域定义为微小区，同一小区的不同微小区之间也会产生同频干扰，因此频带的分配变得更加复杂。静态的信道分配是一种简单而容易实现的方案，但是也存在不可避免的缺点，因为静态的信道分配约束了每个微小区可用的频带资源，可能出现某个微小区内由于请求通信的用户数过多而导致部分用户的通信无法正常完成的情况。如果在另一个微小区内请求通信的用户数目较少，则会造成部分频带资源的空闲。微小区内频带资源共享的策略可以较好地权衡相邻微小区内的通信要求，最大限度地提高频带利用率。但是这种策略需要相邻中继站的相互协作，如用户请求信息的交换等，因此在具体实现时会增加系统的整体复杂度。接下来将介绍一种静态分配动态请求的思想，其主要内容是指先静态地分配微小区内的资源，再根据各个微小区内的通信请求动态地调整已分配的资源。

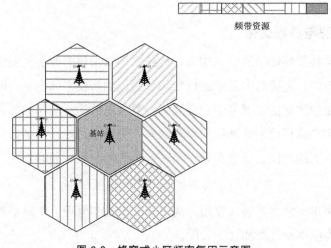

图 6-8　蜂窝式小区频率复用示意图

如图 6-9 和图 6-10 所示，若在某个微小区内存在由于请求通信的用户数过多而导致部分用户通信无法正常完成的情况，则由这个微小区的中继站向邻近的中继站发射求助信号，如果邻近的中继站存在空闲的频带资源，则可以由基站调度，临时将这一部分资源分配给请求用户数过多的微小区。相互援助的两个微小区可以位于一个小区范围内，即由一个基站完成此次突发事件的调度过程（见图 6-9）；也可以位于两个小区内，即跨小区间的援助（见图 6-10）。此时，要求管辖的两个基站间具有协作处理的能力，如中继站请求信息的相互交换等。

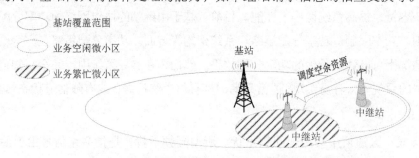

图 6-9　同一小区内基于静态分配动态请求的方案示意图

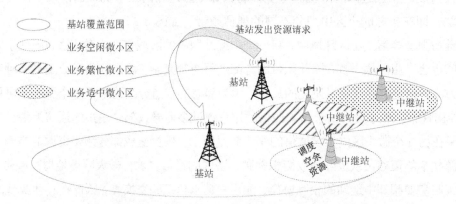

图 6-10　不同小区内基于静态分配动态请求的方案示意图

6.2 异构网络

在 5G 系统的终端设备中，几乎每个设备都支持多种无线接入方式。在众多的可接入站点中，既有高功率的宏基站，又有低功率的微基站，因此，5G 系统不可避免地会出现无线终端在多个站点间切换以满足其日益增长的通信需求的情况。研究表明，不同的移动业务对系统的传输要求也不同。对于语音用户而言，最重要的自然是实时和可靠的传输。而对于一个高清电视的收看者而言，吞吐率将更加重要。除此之外，能量消耗、频谱效率也日益引起广大学者的关注。5G 系统不仅关注速率，全面提升用户体验（Quality of Experience，QoE）也将是研究的重要目标。随着无线网络技术的应用和普及，异构的无线移动网络拓扑结构必然成为未来无线通信的主要架构。

6.2.1 异构网络的概念

异构网络（Heterogeneous Network，HetNet），是由相互重叠、不同类型的通信网络组成的，这些网络分别采用不同的无线接入技术或属于不同的运营商，通过网络间的相互协作共同工作，从而满足未来终端业务的多样性需求。近年来，异构网络的研究引起了广泛的关注，其无线接入示意如图 6-11 所示，图中列出了 3 种不同的无线接入方式，即通过基站接入、通过中继站转发接入及端到端直接通信。在异构网络中，用户可以根据不同的场景选择不同的接入方式。为了可以同时接入多个网络，移动终端应当具备可以接入多个网络的接口，所以这类设备与只能接入单一网络的设备相比需要配备更多的模块。

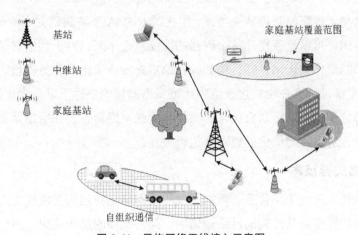

图 6-11　异构网络无线接入示意图

3GPP 标准组织已在其 Release 10 标准中引入了异构网络的概念。这使低功率节点的小区，如皮小区、家庭小区等可以以一种竞争的方式参与通信，所有异构小区可以以全复用的方式共享相同的频带资源。Release 12 标准中进一步给出了多种异构网络的增强应用，并将异构网络作为有效降低移动调度开销、提升系统功率效率和改善移动用户通信体验的重要手段。在 5G 系统中，随着移动物联网技术的发展，需求和任务越发呈现多样性的特点，异构网络将得到更广泛的应用。

从通信吞吐率性能来看，基于异构的组网方式突破了传统小区组网吞吐率的局限，并更好地解决了网络覆盖及边缘用户高质量通信的可靠保障。不仅如此，异构无线通信网络在功率效率上的优势也相当明显，异构无线通信网络由不同层次的接入节点构成，而不同层次的接入节点具有不同的发射功率，因此，整个网络可以以较小的能量消耗完成网络内数据的传输。

异构无线网络的确在本质上增强了网络的覆盖能力、吞吐率及能量效率。但是，异构无线网络在实际应用中也存在两个主要的缺陷，其一是上述多层异构小区间的通信干扰，特别是宏基站对低功率节点的干扰问题；其二是高功率宏小区与低功率微小区间负载平衡的问题。在同构蜂窝通信系统中，小区关联技术主要是基于最大化信噪比的准则完成的，然而，在异构无线网络中，基于信噪比的小区关联方案将产生高功率、高覆盖范围的宏小区与低功率、低覆盖范围的微小区间之间负载的不均衡。宏基站发射功率大，若仅以信噪比为小区关联准则，则必然在宏小区内产生较大的负载压力，从而影响宏小区内用户的通信体验。

现有的研究对于解决多小区系统的用户调度与资源分配问题主要采用集中式、分布式和半分布式等 3 种策略。集中式策略可以显著提升系统的性能，但是需要中央资源控制器在完全已知各小区中所有用户的信道与干扰信息的情况下对其进行联合处理，不仅需要较大的信令/反馈开销，还具有较高的计算复杂度。为了降低信令开销和计算复杂度，可以采用分布式策略，通过对各个小区进行局部优化实现对整个系统性能的优化。然而，虽然分布式策略相比于集中式策略可以大大减少系统所需的信令开销，降低算法的计算复杂度，但往往不能充分利用系统所提供的多个自由度，在一定程度上影响了系统性能的进一步改善。

用户关联通常与无线资源管理结合考虑，早在对 CDMA 系统的研究中就已表明，用户关联与发射功率的联合优化可以显著提升整个网络的性能。近年来，对于网络资源的优化设计更倾向于以系统消耗的能量作为优化目标，例如，在给定接收信噪比或服务质量的条件下最小化系统发射功率，有的系统设计则在给定接收信噪比或服务质量的条件下以最大化系统速率为目标，对用户关联和资源分配问题进行联合优化。对异构无线网络而言，在给定系统可达速率或用户端服务质量需求下，对资源的优化问题同样值得关注。

6.2.2　异构网络关键技术

随着无线接入技术的应用和普及，异构无线移动网络拓扑结构必然成为未来无线通信的主要架构，然而，在这样密集及异构的网络通信中，通信网络的结构将更加复杂，无线通信中的资源分配和干扰管理问题都需要得到很好的解决。

1. 能量效率问题

在异构无线移动网络中，传统的移动小区与家庭小区、微小区及皮小区在相同的时频空间内共存，如何得到更高的能量效率（Energy Efficiency，EE）是系统必须关注的问题。能量效率通常被定义为系统可实现的最大速率与系统所消耗的能量的比值。在给定的系统速率或吞吐率条件下，最小化系统所消耗能量的优化设计最早应用于传感器网络。对于无线通信系统而言，针对不同接口和网络拓扑结构的能量效率优化策略也得到了运营商的普遍关注。异构无线通信网络本身就具备一个能量效率优化的拓扑结构,因此,基于能量效率的优化更为重要。

家庭基站与宏基站共存的通信场景是一种较为常见的异构无线通信拓扑结构,对于家庭小区与宏小区共存的异构环境,基于能量效率的优化设计主要包括异构网络能量效率优化准则的制定和基于该准则条件下问题的求解。在制定能量效率优化准则时,需要考虑实际的场景及该问题求解的可实现性。

除了采用准则函数,对系统的能量资源进行优化设计外,还可以用其他方式有效降低系统的能量消耗,实现绿色通信。例如,可以采用睡眠模式,通过间断的信号传输减少实际消耗的发射能量。

能量获取也是一种实现绿色通信的方式。能量获取技术最初应用于传感器网络,近年来,在无线通信领域也得到了广泛的关注。除了传统可再生的能量资源,如风能、光能等之外,无线设备通过射频端发射的无线信号也携带着能量。因此,无线信号既可以传输信息,又可以传输能量,能量获取技术是指通信节点通过周围无线电波获取能量。无线能量的传输和获取可以通过两种方式实现,一种方式是通过信息和能量同时传输完成通信过程,这类系统也被称为信息能量传输(Simultaneous Wireless Information and Power Transfer,SWIPT)系统。由于要在有限的带宽资源中同时传输信息信号和能量信号,其系统设计既要考虑到传输的可靠性,又要考虑到结合能量获取的效率性。另一种方式是通过能量获取技术实现一种新的能量传输网络,即只传输能量,而不传输任何数据信息,这样的系统更适用于无法获得直接可供电或可供电资源受限的中继站。

随着无线通信应用的日益广泛,在有限的频带、有限的时间和有限的空间范围内,利用多接入点之间的优化设计达到能量资源的充分利用,是实现绿色通信的重要途径,也必然成为 5G 系统中的关键问题。

2. 频谱资源的利用问题

为了保证在相同的时间和空间范围内,多层异构小区多接入节点与其覆盖范围内的用户能够进行正常的通信,需要合理地分配有限的频谱资源,最简单的方式就是对频率资源进行分割,在一个多层的异构小区中,为每个接入节点分配固定的工作频段。这是一种最简单易行的方式,但其代价是频带的利用率不高。

一种可以实现较高效率频谱利用的方法是将频谱感知的概念应用于异构小区资源分配的方案中。频谱感知受益于认知无线电技术的发展。认知无线电技术是一种高效的智能无线通信技术,它将服务的用户分为主服务用户和次服务用户,将频谱资源固定分配给主服务用户,而次服务用户需要监测信道条件,寻找当前并未被使用的、空闲的信道进行通信。频谱感知是认知无线电的一项关键技术,其主要功能在于监测信道条件,寻找闲置频谱。基于频谱感知的异构小区资源分配方案主要可以分为正交资源分配和协作资源共享两种。

在第一种方案中,将动态地为各个小区分配不同的正交频谱资源,以避免小区间的干扰。

例如，宏基站仍处于正常工作的状态，非宏基站（如小基站、家庭基站、皮基站等）进行自动监听，获取其周围的通信环境，并自动选择合适的频带完成通信。在这种方式下，每个非宏基站需要评估干扰水平，并分布式地独立完成频率分配。

在第二种方案中，某几个用户将会共享相同的频谱资源，并通过互相协作的方式进行通信，例如，采用用户分组的方式让几个用户共享相同的频谱资源，并互相协作。用户分组是一种介于集中式与分布式之间的异构网络资源分配方式，在这种方式下，需要根据用户的服务质量信息，结合考虑信道环境和干扰因素，从用户的角度对资源进行划分，并基于某个准则和约束，如基于发射功率的约束，在保证用户服务质量的前提下，优化不同类型用户的资源分配策略。

由于频带资源的稀缺，在 5G 系统中还将采用载波聚合（Carrier Aggregation，CA）的技术实现宽带通信。所谓载波聚合，就是将现有的多个载波聚合在一起，实现更大的传输带宽。例如，现有每个载波可以提供的传输带宽是 20MHz，那么，把 5 个载波聚合在一起就可以实现最大 100MHz 的传输带宽，聚合后的载波称为聚合载波（Component Carrier，CC）。可以想象，在更宽的带宽上进行数据传输，必然可以获得更高的传输速率，载波聚合是有效提升系统单个用户传输能力的一种方式。3GPP Release 10 标准中给出了 5G 系统中载波聚合的实现方案，可以为终端用户提供上下行的聚合载波。Release 10 标准中的载波聚合方案可以支持连续的载波，也可以支持非连续的载波聚合，并支持最高 100MHz 的聚合带宽。在 FDD 模式下，终端用户上行和下行所聚合的载波数可以互不相同。一般来说，由于数据业务的不对称性，上行传输时所聚合的载波数目不会大于下行传输时所聚合的载波数目。在 TDD 模式下，终端用户上行和下行所聚合的载波个数是相等的。

图 6-12 所示为 3GPP 标准所定义的几种载波聚合方式。载波聚合的方式可以分为连续载波聚合和非连续载波聚合。其中，非连续载波聚合由于聚合的载波可能属于不同的频带，又可以分为带内非连续载波聚合和带间非连续载波聚合。需要注意的是，当采用非连续载波聚合方式时，所聚合的载波之间的频率存在差异，其电波衰减也会有所不同，因此聚合载波不同的频率点，其覆盖范围也会有所不同。

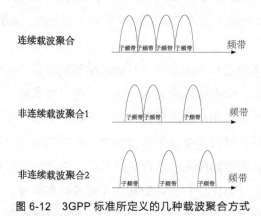

图 6-12　3GPP 标准所定义的几种载波聚合方式

3. 干扰问题

异构网络中的另一个关键问题是干扰问题。异构无线网络系统可以有效提升系统的能量效率，增加网络覆盖和吞吐率，提升网络用户的通信体验，然而，引入大大小小、功能结构不同的通信单元也造成了异构的拓扑结构，增加了网络规划的复杂度。中继站、家庭基站等一系列低功率小基站的引入，在相同的时间和空间范围内会存在多个层次不同的通信系统间的信号传输，因此不可避免地存在多个不同接入点之间及同一接入点不同用户之间的通信干扰。5G 规范标准中添加了一系列功能以克服异构网络中的通信干扰，并提升网络规划效率。

在异构无线网络中，处理异构网络不同层次中用户间干扰的方法可以分为两大类。一类是利用多点协作（Coordinated Multiple Points，CoMP）技术消除用户间干扰。另一类是采用小区间干扰协调（Inter-Cell Interference Coordination，ICIC）的方式协作式地调整异构多小区的通信干扰。

3GPP Release 11 标准中定义了多点协作技术及其实施方案。所谓多点协作，是指协调多个发射/接收端（如宏基站、微基站或中继站等）同时向一个终端提供服务。例如，在上文所提到的中继站辅助通信系统中，如果同样的信息同时由基站和中继站联合发射给用户端，则是一种多点协作的通信模式。多点协作技术既可以用在上行的通信中，又可以用在下行的通信中。在异构网络中，宏基站和各级小基站可以采用多点协作的通信方式为同一个用户提供服务。

小区间干扰协调是解决传统蜂窝移动通信网络干扰问题的重要手段，因为它能够直接解决稀缺频谱资源的可复用问题，通过有效地弱化系统中固有的小区间干扰获得更好的系统性能，为不同业务类型的用户提供更好的服务质量，尤其是提升高载荷情况下的系统性能和保证小区边缘用户的服务质量。频率复用技术是传统的蜂窝通信系统中应用最为广泛的小区间干扰弱化技术之一，它对系统中的所有小区进行分簇，让相邻小区使用不同的频谱资源，而把使用相同频谱资源的小区在空间上分离开来，可以简单而有效地解决小区间干扰问题。

小区间干扰协调问题在 3GPP Release 8 标准中进行了定义。宏基站可以通过与相邻基站间的通信减少小区边缘用户间的通信干扰，如图 6-13 所示。通过发射的消息，每个宏基站可以通知相邻的宏基站每个物理资源块的上行干扰水平，接收这些消息的宏基站可以依据这些信息优化小区边缘的用户的通信资源。

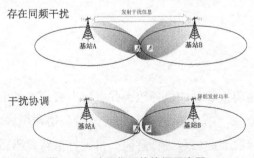

图 6-13　小区间干扰协调示意图

小区间干扰协调技术也适用于异构的小区部署。异构无线网络在宏基站覆盖范围内部署了多个不同层次的低功率节点，以增加小区的覆盖性能，当这些低功率节点与宏基站工作在相同的频带范围内时，将出现多层异构小区间的干扰。为了解决 OFDMA 接入方式下的干扰问题，3GPP 在 LTE-A 标准化过程中对此做了重点讨论。其在 Release 10 中提出了强干扰场景（如宏小区与皮小区、宏小区及家庭小区共存）下的异构网络资源优化问题，并在 Release 10 及其后续版本中对异构小区干扰协调问题进行了进一步的研究。

6.3 本章小结

中继技术的产生及异构网络的出现通过改变现有无线通信网络拓扑结构，提升整个网络的通信能力，而成为 5G 系统中的关键技术。在 5G 时代，移动通信系统应该是一种结合宏基站与低功率基站的信号覆盖，汇集远距离无线通信、低功率短距离无线通信、自组织通信等多种接入方式为一体的异构网络。

移动物联网已日益成为人们生活不可或缺的一部分，其无线业务的通信需求正呈现爆炸式的增长。移动物联网业务存在一定的多样性，从无线电表数据的读取到高清视频数据的传输，不同业务对无线通信系统的性能要求也各不相同。以电表的读取为例，采用无线的方式完成抄表的功能实现并不要求系统具有很高的吞吐率和很低的延时，人们更关注的是无线终端对电池的损耗，即系统的能耗问题。车联网则要求低延时、高可靠的无线传输系统。而传统以单一蜂窝网络形式构建的无线通信系统很难同时满足不同业务的通信需求，所以需要寻求新的组网方式。

本章讨论了中继技术与异构网络。本章首先讨论了中继站的概念及其发展历程。随着中继站及各级小基站概念的引入，异构网络和微小区通信得以快速发展。异构网络是一种新型的网络拓扑结构，能有效提升网络吞吐率，改善用户体验，并增强网络覆盖，特别适用于海量接入的无线物联网应用场景，被认为是 5G 网络拓扑结构的重大变革。随着无线通信技术的应用和普及，必然有越来越多的异构小区与宏小区共享相同的频谱资源，所以对异构网络的研究具有理论与实用价值。

6.4 课后习题

1. 选择题

（1）中继站只是简单地将接收到的信号放大并发射出去，这种工作模式称为（   ）。

    A. 放大转发模式　　B. 解码转发模式　　C. 编码协作模式　　D. 混合模式

（2）中继站将试图对接收到的信号进行解码，再进行重新编码后转发。中继站的这种工作模式称为（   ）。

    A. 放大转发模式　　B. 解码转发模式　　C. 编码协作模式　　D. 混合模式

（3）3GPP 工作组在 LTE Release 10 标准中对中继站的工作类型和工作策略进行了定义，将中继站分为（　　）。

    A. 简单中继站、复杂中继站和移动中继站

    B. 非再生中继站和再生中继站

    C. 全双工中继站和半双工中继站

    D. Type1 类型中继站和 Type2 类型中继站

（4）下述对异构网络的描述不正确的是（　　）。

    A. 从通信吞吐率性能上来看，基于异构的组网方式突破了传统小区组网吞吐量的局限，并更好地解决了网络覆盖及边缘用户的通信可靠性保障

    B. 由于异构无线通信网络由不同层次的接入节点构成，而不同层次的接入节点具有不同的发射功率，异构网络可以获得更高的功率效率

    C. 异构网络在传统小区中引入了低功率节点，因此，基站与低功率节点之间可以互不干扰地与终端通信

    D. 3GPP 标准组织在其 4G LTE 标准 Release 10 中引入了异构网络的概念

2. 简答题

（1）LTE Release 9 标准中给出了家庭基站的概念，什么是家庭基站？它有什么特点？

（2）中继站是 LTE Release 10 标准中提出的一种低功率基站，请简述其通信原理。

（3）异构网络中的干扰问题特别重要，其主要处理方法有哪些？

（4）小区间干扰协调技术的基本原理是什么？

第 7 章

大规模天线技术

07

多输入/多输出（Multiple Input and Multiple Output，MIMO）技术的应用使通信系统物理层的信号设计从二维的时域和频域扩展到了空域，从而带来了更多的分集或复用增益，进一步提升了系统性能。从信息论的角度来说，随着天线数的不断增多，系统性能在频谱效率、链路可靠性和干扰抑制等方面的提升将更明显。有研究表明，在信道充分散射的环境下，多输入/多输出系统信道容量将随收发天线中较小的那一个呈近似线性的增长关系，因此，采用大数量的天线为大幅度提高系统的容量提供了一个有效的途径。受到天线尺寸、实现复杂度等技术条件的限制，现有的通信标准虽然都采用了多天线技术以提升系统性能，但大多只考虑了配置少量天线数的情况，如 4G LTE-Advanced 标准中仅考虑了 8 根天线的配置，丰富的空间资源所带来的巨大容量和可靠性增益使大规模天线阵列技术越来越受到科研工作者和工业界的关注。

大规模天线技术是 5G 系统的一项关键性技术。大规模天线技术在有些文献上称为 Large Scale MIMO，是传统多天线技术发展的产物，其可以充分利用空间分集增益获取系统性能的提升。

本章将着重介绍大规模天线技术的研究背景及其在 5G 系统中的应用。随着天线规模的增加，系统将在节能、安全、稳健及频谱效率等多个方面获得许多传统多天线系统所无法比拟的物理特性和性能优势。

学习目标

---

① 了解大规模天线技术的基本原理，掌握大规模天线技术的概念和应用

② 了解大规模天线技术中的主要问题，掌握其关键技术。

7.1 大规模天线技术的概念、特点与应用

随着高清晰视频和网络游戏等移动互联网应用的快速发展，5G 网络的增强型移动宽带场景在容量上面临着巨大的挑战。根据 3GPP 标准，Release 10 中定义了 8 根天线的多天线传输配置，Release 13 和 Release 14 中陆续定义了 16 根和 32 根天线的配置。随着支持上述协议的终端商

业化，大规模天线技术产业链日趋成熟，通过最大限度地利用现有站点和频谱资源，帮助运营商极大地提高了无线网络容量和用户体验。

天线数的增加虽然提升了系统性能，但是也引入了新的问题。首先，系统在信道信息的获取和预处理环节的实现复杂度将更高，为了减少实际系统中射频链路的个数，降低系统复杂度，数模混合架构应运而生。此外，采用大规模天线后，系统可以同时服务更多的用户。随着用户数目的增加，相邻小区间导频的正交性将被破坏，由此产生导频污染。

7.1.1　大规模天线技术的概念

多天线技术，也称为多输入/多输出技术，是指在发射端和接收端分别使用多根发射天线和接收天线，并让信号通过发射端与接收端的多根天线进行发射和接收，从而改善通信质量的一种空间技术。

图 7-1 所示为多输入/多输出系统平坦衰落信道环境下的通信示意图，发射端有 T 根发射天线，接收端有 M 根接收天线，发射的信号经过一定的预处理后，被送到 T 根发射天线上同时发射。这些发射的信号 s_1、s_2 等经过无线信道到达接收端，在每一根发射天线和每一根接收天线之间都会有一条传输路径，这里用变量 $h_{i,j}$ 表示第 i 根发射天线到第 j 根接收天线的等效信道。以第一根天线上发射的信号 s_1 为例，其通过信道参数为 $h_{1,j}$ 的信道到达第 j 根接收天线。而从接收端看，每根接收天线上都会收到从 T 根发射天线上发射的信号的叠加，则第 j 根接收天线上接收的信号可以表示为

$$y_j = \sum_{i=1}^{T} h_{i,j} s_i + w_j \tag{7-1}$$

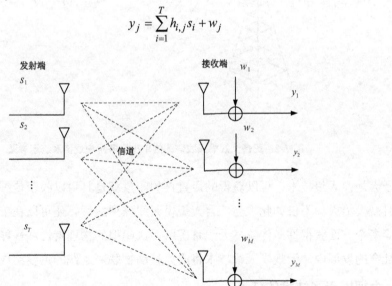

图 7-1　多输入/多输出系统平坦衰落信道环境下的通信示意图

对于第 j 根接收天线而言，除了叠加的信号之外，还存在噪声。噪声的类型和产生原因多种多样，用 w_j 表示。接收端将联合通过 M 根接收天线上的接收信号，获取发射信号 $[s_1, s_2, \cdots, s_T]$ 的估计值。

美国贝尔实验室在研究非协作多小区、时分双工制式下，基站配置无限数量天线的极端情况中多用户多天线系统的通信能力时发现，配备大数量天线的环境下，非协作多小区的系统特性有别于传统单小区、有限数量天线的系统，因此正式提出了大规模天线技术的概念。大规模天线技术是一种新兴的技术，它可以将传统天线数量扩展到现有水平的若干倍数量级，目前，业内应用的大规模天线技术指的是在发射端配置远多于现有系统天线数的大规模天线阵列（如几百个天线阵列的系统），这些天线阵列将同时服务于同一时间相同频率资源中的几十个终端，能有效利用频谱，并获得更好的节能、安全和稳健性能。该技术是未来宽带网络发展的推动者。

在传统的多天线多用户单小区系统中，基站同时向多个用户发射信号，这些信号将会相互干扰。图 7-2 所示为配备大规模天线阵列的单小区多用户通信系统示意图，基站配备了大规模天线阵列，并通过空分多址技术在相同的时间和频率资源内为多个用户提供通信服务。由于大规模天线阵列的部署，发射的信号具有方向性，同一时频资源内的多个用户之间的信号不会产生相互干扰，实现了空间上的分集。

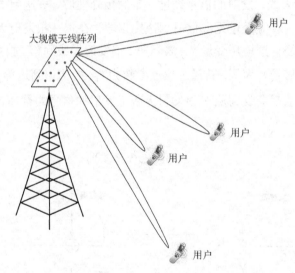

图 7-2　配备大规模天线阵列的单小区多用户通信系统示意图

对于大规模天线技术，可以获得的最直接的印象就是其可以收获传统多天线系统的所有好处，并且规模更大。不仅如此，当部署大规模天线阵列之后，还可以在节能、安全、稳健及频谱效率等多个方面获得许多传统多天线系统所无法比拟的物理特性和性能优势。所以，在未来数字化社会的发展中，大规模天线技术将成为移动物联网系统的重要组成部分。

7.1.2　大规模天线技术的特点

大规模天线技术通过配置大规模的天线获得系统性能的增益。首先，其受益于天线分集增益，大规模天线技术可以获得数倍的吞吐量增益，并获得高于普通多天线系统的能量效率。其次，在传统中、低频段的无线通信系统中，通常选择全向天线进行收发。对于 5G 系统而言，由于系统高带宽的需求，将有一大部分功能使用频段较高的毫米波进行通信，此时若仍使用全向天线进行收发，其路径损耗将严重影响系统性能。一种解决方法就是使用大规模天线阵列，大规模天线技术使用波束成形将信号能量聚集到某一个用户上，从而提高数据速率，减少干扰；产生高增益的赋形波束，提升信号覆盖距离。图 7-3 所示为配备传统多天线和大规模天线阵列基站两种情况下蜂窝多小区多用户场景的通信示意图。对于单个用户而言，使用大规模天线阵列后，基站发射的波束变窄，能量更集中，相同发射功率条件下可以覆盖的通信范围更大，因此能量效率更高，特别是对于小区边缘用户而言，其通信体验得到了提升。另外，采用大规模天线阵列可以控制垂直和水平方向的波束宽度，实现三维波束的形成。随着天线数目的增多，产生的赋形波束会变得更窄，从而减小了对周边用户的干扰，单位面积范围内可以支持的用户数目也会有所增加。

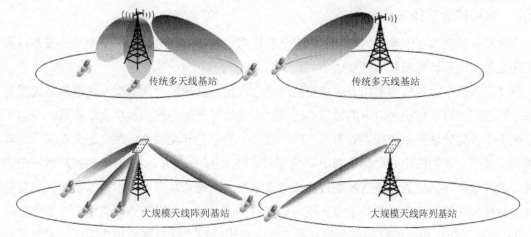

图 7-3 不同天线配置下蜂窝多小区多用户场景的通信示意图

配备大数量的天线，系统的建造成本是不是也会成倍增加呢？事实并非如此。在传统的点对点多天线系统中，为了保证信号的覆盖范围，每一个射频链路都需要配备一个高输出的功率放大器。对于大规模天线阵列而言，虽然功率放大器的数量增加了，但对每个放大器精度和线性范围的要求降低了。大规模天线系统更多地依赖于超多数量天线传输下无线电波的组合，根据大数定理可以得知，天线的噪声、多散射路径和硬件的不精确等随机问题在天线数趋于无穷大时可以忽略不计。

配备大规模天线的系统对少量的硬件故障和人为的通信干扰具有更好的健壮性。例如，如果在天线阵列中出现极少数几个单元的硬件损坏，系统仍然可以正常工作。民用无线系统被有意干扰是一个日益受到关注的问题，也是一个严重的网络安全威胁，公众似乎对此知之甚少，但一旦发生将产生严重的影响。简单的干扰机可以以几百美元（几千元人民币）的价格买到，复杂的无线电平台也只需要几千美元（几万元人民币）就可以组装起来。采用大规模天线阵列系统可以提供更大的空间自由度，抵消人为干扰。

除此之外，大规模天线技术可以有效降低空口延迟，简化多址接入过程。在传统的多天线系统中，可以利用空间分集为多个用户提供同时同频的通信服务，即多用户多天线系统。在多用户多天线系统中，为了服务更多的用户，需要在基站端增加类似于预编码的信号处理模块。

所谓预编码，是指发射端利用已知信道信息对发射数据进行预处理，如能量的分配、数据流的选择等，从而提升发射效率。这些信号处理模块的增加将增加系统的能量开销。在大规模天线系统中，由于天线数目的增加，根据大数定理可知信道将出现硬化特性，此时，不同频率上的信道特性的差异性消除，用户可以使用整个频带进行通信，不再需要子载波分配、用户调度等物理层操作，从而简化了接入过程。同时，随着天线数的急剧增长，不同用户之间的信道将呈现渐进正交特性，用户间干扰可以得到有效的消除。

大规模天线技术在实际应用时还有一些衍生的新技术，如分布式天线技术、三维波束成形技术和多用户接入技术等。

7.1.3 大规模天线技术的应用

大规模天线技术在传输能力和能量效率上都取得了显著的改进，它的一些特性使其特别适合应用在异构网络和毫米波通信系统中。

在 5G 系统中，异构的组网方式将得到广泛的应用，利用低功率的微小区通信系统提升了传统小区在覆盖盲区和小区边缘的通信吞吐量。在基站单元配备超大规模天线阵列，有利于异构小区下干扰的管理和系统频谱效率的提升。图 7-4 所示为异构网络中配备超大规模天线阵列的通信示意图，该网络由一个标号为 B 的宏基站和 3 个标号为 b_1、b_2、b_3 的家庭基站组成，网络中的终端将根据信道环境选择临近的任意基站接入网络。从图 7-4 中可以看出，宏基站 B 通过大规模天线阵列有效地控制了服务用户的波束宽度，从而可以与该网络中的 3 个家庭基站 b_1、b_2、b_3 工作在相同的时间和频率资源块内，而不会对小基站服务用户造成严重的通信干扰。而由于家庭基站的发射功率控制在一定的范围之内，对较远距离的用户也不会产生较大的干扰。此时，网络内的各基站虽然使用相同的频带资源，但可以同时服务各自的用户而"相安无事"。毫无疑问，此时的系统可以达到较高的频带利用率。

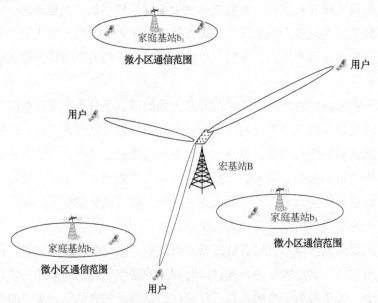

图 7-4　异构网络中配备超大规模天线阵列的通信示意图

毫米波通信系统也是大规模天线技术应用的主战场。首先，毫米波通信频段极高，电磁波波长较小，因此天线的尺寸可以做到很小，更适合使用集成的大规模天线阵列。在相同的天线阵列尺寸条件下，毫米波阵列天线可以集成更多的天线数，阵列天线可以获得更窄的波束宽度和更高的波束增益。

在毫米波通信系统中使用大规模天线技术的另一个原因是毫米波本身具有的通信特点，即毫米波信号频段高，空间中的自由损耗也较大，在相同发射功率条件下，毫米波通信系统的覆盖范围将小于中低频的电磁波。每个基站和终端的发射功率都有一定的限制，所以毫米波通信系统在民用环境下不适用于远距离的通信。使用大规模天线阵列，可以构造赋形波束，并利用波束增益有效增加毫米波通信系统的覆盖范围。

采用大规模天线技术的基站天线单元目前已经问世并投入使用。以华为技术有限公司推出的 C 波段（4.0～8.0GHz 频段）某基站天线单元为例，其可以支持 64 根或 32 根的多天线配置，具有三维立体的波束成形能力，能够灵活精准地控制小区覆盖半径，垂直角度可提升对高楼宇的覆盖，水平角度可提升对水平楼宇近点和远点的覆盖，有效提升了小区容量和用户体验。

大规模天线技术在物联网产业也有很多应用的实例。以电线杆为例，其原本只是一个水泥柱子，随着物联网产业化的发展，其将迎来一个新的时代。随着通信技术的发展，一些大规模阵列天线可以利用街边的电线杆进行部署，从而弥补覆盖盲区，服务热点区域。

在频分双工模式下，上行和下行的数据利用不同的频带进行分离，且上下行通信频带之间留有一定的频率间隔以避免上下行数据之间出现干扰。在时分双工模式下，上行和下行的数据在同一频率信道内传输，但通过不同的时隙加以区分。时分双工模式在上下行业务不对等时具有较大的优势，可以灵活地分配信道资源。频分双工模式上下行数据传输采用了相互独立的信道，同时，为了防止临近的发射机和接收机之间产生干扰，两个信道之间存在一个保护频段。频分双工模式更适用于语音业务等连续的通信。在时分双工和频分双工两种模式下，信道信息的获取和反馈开销也不相同。

【例 7-1】时分双工大规模天线技术商用测试。

华为技术有限公司经过多年努力，结合时分双工的信道互易性在多天线领域的研究，做出了创新和突破，联合中国移动于 2014 年 9 月推出了全球首台实验室测试样机，于 2015 年 9 月推出了第一台大规模天线技术商用样机。2015 年底及 2016 年初，北京移动、东京软银分别开通了大规模天线技术商用测试站点，单载波实测速率超过 650Mbit/s，一举打破了无线通信领域频谱资源短缺的魔咒。

全球数百个商用试点表明，大规模天线技术不仅为运营商提升了数倍的频谱效率，减少了频谱租赁费用，室外覆盖范围也扩大了近一倍；相对于传统加密站点带来的同频干扰问题，大规模天线技术站点的精准赋形及零陷技术，不仅提升了边缘的速率，还大大减少了站间干扰；大规模天线技术与室内楼宇覆盖综合使用，其三维赋形直接解决了城市中 70% 以上的室内覆盖。

【例 7-2】频分双工大规模天线技术现场验证。

2017 年初，华为技术有限公司与中国联通在上海共同完成了行业内首次基于频分双工的大规模天线技术的现场验证。该试验利用两个 20MHz 频谱天线接收终端，实现峰值网络速率 697.3Mbit/s 的吞吐率性能，是传统频分双工 LTE 的 4.8 倍。该试验可以实现平均 87Mbit/s 的传输能力，验证了 4K 高清视频业务的可行性。

【例 7-3】智能大规模天线技术解决方案。

大规模天线技术作为 5G 系统的关键技术，是应对区域流量快速增长的最佳解决方案。由于集成了射频单元和大规模天线阵列，大规模天线设备的尺寸、重量及功耗相比传统设备都有增加。另外，得益于多天线技术的应用，大规模天线具备适应多种不同覆盖场景的能力，为了充分利用好这一技术优势，在一定程度上也增加了网络规划和设计的复杂度。

在 2018 年全球宽带论坛期间，华为技术有限公司在现场发布了智能大规模天线技术解决方案，从极简部署、智能优化、绿色节能等方面不断演进，满足了未来网络流量高速增长和业务多样化的需求。该解决方案在大规模天线站点部署过程中应用了天线信息感知单元，能自动获取准确的参数信息，降低了工程安装人员的技能要求，避免了数据导入的误差，为网规网优提供了最可靠的基准数据，同时极大地减少了后期站点调整和运维的工作。在性能优化方面，智能大规模天线技术解决方案通过智能场景识别和自动优化配置来匹配不同的用户分布场景。在节能领域，智能大规模天线技术解决方案除了使用传统小区的符号关断、载波关断等技术以外，还可以通过针对性关闭部分发射通道来降低模块的整体功耗，其站点的平均功耗可以降低 15%～20%。

7.2 大规模天线技术的关键技术

传统多天线技术的性能增益主要受益于信号处理技术的应用，如信道均衡技术、预编码技术等，而这些技术实施的好坏又取决于信道信息是否能够准确获取。在大规模天线应用场景中，也需要考虑信道信息的获取和利用。

7.2.1 信道信息的获取

对于下行通信而言，传统蜂窝式小区多天线系统大多采用反馈的形式由终端用户反馈信道状态信息。对于大规模天线系统而言，由于天线数目巨大，采用传统形式进行信道信息的反馈将产生巨大的开销，所以信道信息的反馈形式将极大地影响系统的整体性能。

在时分双工模式下，由于上下行数据通信采用了相同的频带，只是在时间上有所区分，其信道特性具有某种联系，上下行信道的这种联系称为信道的互易性。在时分双工模式下，可以利用信道的互易性进行信道估计。在蜂窝小区通信中，终端发射训练序列，基站根据接收到的训练序列或导频信息估计上行信道状态信息，并利用互易性得到对应的下行信道状态信息。导频开销只与系统支持的多用户数目有关，因此，其信道估计的开销较小。

在频分双工模式下，上下行数据通信使用了不同的频带资源，因此上下行信道不再具有互易性。基站发射训练序列或导频信息，由终端用户估计下行信道信息，并通过反馈链路发射给基站。此时，导频开销与基站配备的天线数目成正比，因此会产生较大的导频开销与反馈开销。

对比可见，时分双工模式对于实施大规模天线技术具有先天的优势。图 7-5 所示为 TDD 模式下多用户单蜂窝小区的时隙设计方案，用户先传输上行数据信息，再传输上行导频信息，基站在获取了用户的导频信息后完成上行信道的估计，并得到每个用户上行数据的检测信号，此后，基站利用估计得到的上行信道设计下行波束成形向量，并完成下行数据的传输。

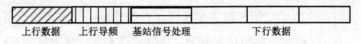

图 7-5　TDD 模式下多用户单蜂窝小区的时隙设计方案

在传统时分双工模式下的多小区通信系统中，用户发射训练序列或导频序列用以估计信道信息。理想情况下，同一小区和相邻小区内不同用户使用的导频序列是正交的，可以避免用户间的导频干扰，基站可以获得更准确的信道信息估计值。然而，在给定导频长度的条件下，系统可用的正交导频个数是有限的，也就是说，相邻多小区可以服务的用户总数受到了限制。由于不同小区之间距离较远，同频干扰降低，为了服务更多的用户，一种方法是在同一小区内仍使用正交的导频，在不同的小区内使用非正交的导频。对于配备大规模天线的系统而言，系统所服务的用户数量大，因此相邻小区中使用的导频序列将不再与本小区内的导频序列正交，这将导致导频污染现象，直接影响时分双工模式下大规模天线系统的性能。图 7-6 和图 7-7 所示为多小区通信系统导频污染示意图。

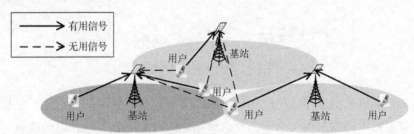

图 7-6　多小区通信系统上行通信导频污染示意图

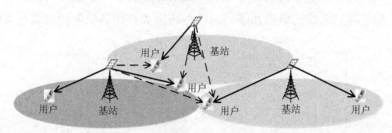

图 7-7　多小区通信系统下行通信导频污染示意图

7.2.2　预编码

在传统的移动通信系统中，信号在基带上进行的处理大都是数字信号变换。随着多天线技术的引入，数字架构需要增加更多射频链路以满足并行的多天线发射。在大规模天线系统中，如果按照同样的思路增加更多的射频链路，那么系统的造价成本将非常高。2016 年 6 月，3GPP 工作组会议决定在 5G 系统大规模天线环境下采用数模混合架构，其核心思想是将传统大规模的数字信号处理任务，如预编码等信号处理模块，分成大规模的模拟数字信号处理和降维的数字信号处理两部分。采用数模混合预编码技术，只需要较少数目的射频链路，可以降低系统的功率和硬件资源损耗。

1. 数字预编码和模拟预编码

在传统的多天线系统中，采用预编码技术可以有效抵抗由于信道畸变所带来的性能损失，提升系统的传输能力。根据预处理模块的差异，预编码技术可以分为数字预编码和模拟预编码。在传统多天线系统中，通常使用数字预编码技术，其示意图如图 7-8 所示。此时，每一根天线都会连接一个射频链路。

根据基带预编码模块处理方式的不同，可以将预编码分为线性预编码和非线性预编码。在实际系统中，出于复杂度的考虑，多使用线性预编码。根据所选择的优化目标与具体的接收机检测算法的区别，预编码方案可以采用迫零（Zero Forcing，ZF）准则、最小均方误差（Minimum Mean Squared Error，MMSE）准则、最大似然（Maximum Likelihood，ML）准则等。

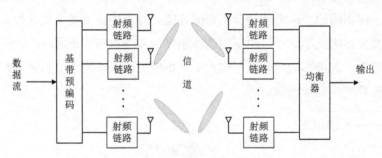

图 7-8　数字预编码示意图

相对于数字预编码，模拟预编码的实现要简单得多。模拟预编码通常使用移相器来实现。射频链路通过移相器连接到多根天线上，其示意图如图 7-9 所示。移相器的权重可以自适应地调整，以提升系统传输的可靠性，例如，可以通过调整移相器的权重最大化接收信号的功率。当然，这种基于相控阵列天线的模拟预编码的性能将因为移相器幅度的限制而有所损失。

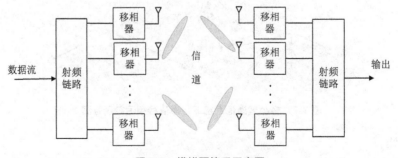

图 7-9　模拟预编码示意图

2. 数模混合预编码

在多输入/多输出系统中，为了实现可达的系统成本和较好的性能，一种改进的方法就是采用数模混合预编码的架构，数模混合预编码示意图如图 7-10 所示。数模混合预编码可以克服模拟预编码中精确度不足的问题，并可以有效控制多数据流之间的干扰。

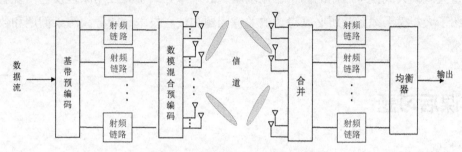

图 7-10　数模混合预编码示意图

现有的数模混合预编码分为全连接结构和部分连接结构两类，如图 7-11 和图 7-12 所示。在全连接结构中，每个射频链路通过移相器与所有天线相连，在天线数目较多时，需要很多数量的移相器。在部分连接结构中，每个射频链路仅与某个天线子阵列中的所有天线相连，因此能够提供较低的硬件实现复杂度。

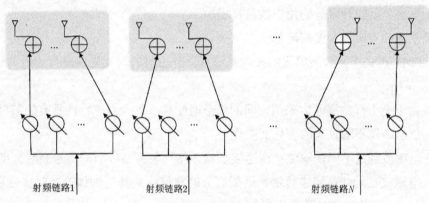

图 7-11　全连接结构的数模混合预编码

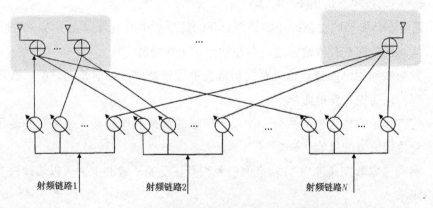

图 7-12　部分连接结构的数模混合预编码

7.3 本章小结

本章先详细介绍了大规模天线技术的基本概念、技术要点及具体应用，异构网络和毫米波通信系统是大规模天线技术应用的两个常用场景，故本章介绍了其应用原理及业内现有研究进展；又介绍了大规模天线系统所必须考虑的关键问题和核心技术，即导频污染问题和数模混合预编码技术。

7.4 课后习题

1. 选择题

（1）大规模天线技术可以利用（   ）的分集增益获得系统性能的提升。

    A. 时域   B. 频域   C. 空域   D. 码域

（2）随着天线数量的增加，下列叙述中不正确的是（   ）。

    A. 系统的频谱效率将获得提升

    B. 链路的可靠性将获得提升

    C. 系统可以同时服务的用户数目将增加

    D. 系统的实现复杂度将降低

（3）在 TDD 模式下，大规模天线技术系统可以利用信道的互易性进行信道估计。所谓信道的互易性，是指（   ）。

    A. 由于上下行数据通信采用相同的频带而使其上下行信道特性具有的某种联系

    B. 信道条件不随时间的变化而变化

    C. 电磁波经过不同传输路径到达接收端，每一条路径经历的信号衰减程度不同

    D. 电磁波在无线环境中传播，遇到高大的建筑物或其他物体遮挡时，会在遮挡物的背面形成电磁波的阴影

（4）所谓预编码技术，是指（   ）。

    A. 通过在待发射的信息码元中加入必要的且尽量少的监督码元引入一定的信息冗余，从而使数据 0 对传输信道上存在的干扰更加稳健

    B. 发射端利用已知信道信息对发射数据进行预处理，如能量的分配、数据流的选择等，从而提升发射效率

    C. 用待传输的信号控制另外一个便于传输的载波信号的某一个参数的变化，以便达到传输信号的目的

    D. 将高速率数据通过串/并转换调制到相互正交的子载波上去，以实现较高的频谱利用率

2．简答题

（1）简述大规模天线技术的特点。

（2）大规模天线技术更适用于哪些场景？请举例并说明理由。

（3）大规模天线技术工作在频分双工和时分双工模式下时，信道的反馈机制有何差别？

（4）什么是导频污染？请分析大规模天线技术环境下的导频污染问题。

（5）数模混合预编码架构的优势是什么？

第 8 章
5G网络新技术与新架构

5G 网络国际标准化工作现已全面展开，面对更高的性能要求和无所不在的万物互联，5G 网络将面临全新的挑战与机遇。

5G 网络架构设计可以分解为针对网络功能的系统设计和面向网络部署的组网设计两个方面，以用户为中心，以业务为主线，呈现功能按需重构的特点，通过不同功能平面的合理划分，实现资源的弹性分配和灵活的组网结构。

本章将深入讨论 5G 网络层的新技术，包括网络功能虚拟化技术、软件定义网络、网络切片技术和移动边缘计算技术。

学习目标

① 了解 5G 网络设计面临的新问题、新挑战，掌握网络新技术与新架构的特点。

② 了解网络功能虚拟化技术，掌握网络功能虚拟化框架及设施管理。

③ 了解软件定义网络，掌握软件定义网络的概念及应用。

④ 了解网络切片技术，掌握网络切片技术的机制和原理。

⑤ 了解边缘计算技术，了解移动边缘计算的架构，掌握其基本特点及应用。

8.1　概述

5G 网络面对更为复杂的业务和应用，差异化、多样化的业务场景需求决定了 5G 网络很难像 3G 或 4G 网络那样以某种单一技术为基础形成针对所有场景的解决方案。未来 5G 网络将向性能更优质、功能更灵活、运营更智能和生态更友好的方向发展。

首先，5G 网络将提供更高接入速率、更低接入延时、更好接入可靠性的用户体验，并满足在高流量密度、高连接密度和高移动性环境下的接入需求。

其次，5G 网络将以用户体验为设计目标，支持多样化的移动互联网和物联网业务需求，在接入网方面，5G 网络将更加灵活，部署更为容易，维护成本更低，运营效率更高；在核心网方面，网络功能将进一步简化与重构，以提供高效灵活的网络控制与转发功能。

5G 网络将全面提升智能感知和网络优化的能力，通过对用户业务及环境状态的学习，优化网络资源部署，实现自动化运营。

最后，友好的网络生态环境将促使 5G 网络与新生产行业及垂直行业紧密结合，提升业务能力。

8.1.1　5G 网络面临的挑战

综合未来可能的移动互联网、物联网等不同业务需求，5G 网络的发展需要面对 3 种不同场景的关键指标，同时兼顾考虑网络的运营能力和网络的演进要求。

首先，在速率方面，现有的网络架构中，基站间的交互能力较弱，无法实现高效的基站间无线资源管理、移动性管理和干扰协调等功能，以至于小区边缘用户的通信体验较差，很难满足广覆盖下 5G 网络的高速率要求。其次，在延时方面，现有的 4G 网络也面临较大的问题。在 LTE 系统中，系统的延时性能可以从用户面延时和控制面延时两个方面进行描述。用户面延时是指用户与网络边缘节点之间数据包的单向传输时间。控制面延时是指从驻留状态到激活状态，以及从睡眠状态到激活状态的迁移时间。现有的网络在用户面和控制面都经历了较长的传输延时，无法满足低延时高可靠通信场景的业务需求。另外，现有的核心网网关部署位置较高，数据转发模式单一，单一的网络架构不能适应 5G 差异化的物联网终端接入要求。

现有的无线接入网缺乏对业务和用户的感知能力，很难做到差异化管理，网络资源优化与自动化运维能力较弱。5G 时代，随着业务流量与业务覆盖密度的双重提升，运营商需要降低网络建设成本，提升网络运营水平，以实现向物联网和垂直行业延伸拓展业务的能力。现有网络协同能力有限，无法高效地实现不同接入技术的统一控制。此外，接入机制多样化管理需要引入不同的信令流程，这增加了网络互连和互操作流程的复杂度。

8.1.2　新技术与新架构

截至 2018 年 6 月，3GPP 批准了 5G 技术的 Release 15 独立（Stand Alone，SA）组网标准，完成了第一阶段 5G 网络全功能的标准化工作，正式向商用目标迈进。在网络架构上，除了独立组网之外，3GPP 还制定了一套依托现有 4G 核心网的非独立（Non Stand Alone，NSA）组网标准。

为了应对新的业务需求和多样化的场景，为了满足优质、灵活、智能及友好的发展要求，5G 网络需要从技术设施平台和网络架构两个方面进行技术创新和网络演变。

在新技术方面，现有的电信网络是基于专用的硬件设备实现的。5G 系统中将引入虚拟化技术及软件定义网络技术，以降低昂贵的网络设备投入。虚拟化技术通过软硬件解耦及功能抽象，为 5G 网络提供了更具弹性的基础设施平台。5G 网络设备将不再依赖于专用硬件实现资源的灵活共享及新业务的快速开发和部署。软件定义网络技术可以实现控制功能和转发功能的分离，有利于实现网络资源的全局优化调度。

在新架构方面，为了满足业务与运营的需求，5G 核心网与接入网功能也需要进一步增强。5G 接入网是一个以业务为中心，满足不同场景的多层异构网络，宏基站、微基站和中继协同工作，以提升小区吞吐率，提高资源利用率。5G 接入网将提供多种空口接入方案，支持分布式、集中式、自组织等多种复杂的网络拓扑结构，实现无线资源的智能化管控。5G 核心网需要支持低延时、大容量、高速率的不同业务需要，需要根据差异化的业务需求实现功能的按需编排。核心网转发平面进一步简化下沉，并利用边缘计算技术将业务存储和计算功能从网络中心下移到网络边缘，以满足低延时的业务需求，实现流量负载的灵活调度。

新型的 5G 网络架构包含接入平面、控制平面和转发平面 3 个功能平面，如图 8-1 所示。

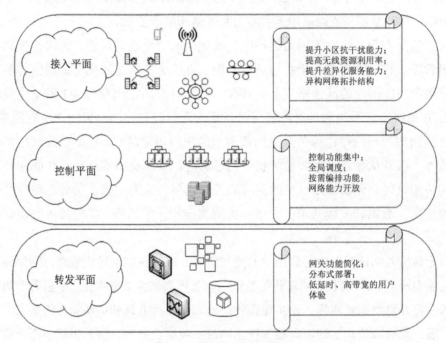

图 8-1　新型的 5G 网络架构

1．接入平面

接入平面由各类型的基站和无线接入设备构成，负责控制策略的执行。在新的网络架构下，各层基站间的交互能力增强，并形成了更为灵活的网络拓扑结构，以实现快速灵活的无线接入控制，提升无线资源利用率。

为了满足 5G 网络多样化的无线接入场景和高性能指标要求，为用户提供差异化服务能力，接入平面将提供多种无线接入技术，包括传统的分布式接入、云接入、无线局域网接入、宏基站接入及点对点通信接入、机器类通信接入等方式。除此之外，接入平面还支持无线 Mesh 网络与动态自组织网络，以满足不同业务场景与通信需求，实现高效的无线资源调度与管理机制，进而促进网络资源的优化与共享。接入平面将增强各层基站间的交互能力，通过各层接入基站间的协同通信提升小区干扰协调能力，提高无线资源利用率，提升差异化服务能力及多样化组网拓扑结构，实现动态灵活的接入控制、干扰控制和移动性管理。接入平面可以通过用户和业务的感知与处理技术，提供定制化的网络部署与服务，提升业务性能。

2. 控制平面

控制平面负责全局控制策略的生成。在控制平面中，通过网络功能的重构，可实现简化的控制流程和资源的全局调度，针对差异化的业务需求，可通过按需编排的网络功能，提供可定制的网络资源和友好的开放平台。

控制平面的功能包括控制功能集中、全局调度、按需功能编排和网络能力开放。在控制逻辑方面，控制平面通过对网元控制功能的抽离与重构，将分散的控制功能集中起来，形成独立的接入统一控制、移动性管理、连接管理等功能模块，不同的模块之间可以根据业务需求进行灵活的组合，以适应不同场景和网络环境的信令控制要求。5G 网络面向不同的应用场景，如超高清视频、虚拟现实、大规模物联网、车联网等，不同的场景对网络的移动性、安全性、延时、可靠性甚至计费方式的要求也是不一样的。

5G 网络呈现了同一逻辑架构下不同组网的形态。基于统一的基础架构，通过网络切片技术，物理网络被切割成多个虚拟网络，每个虚拟网络面向不同的应用场景需求，虚拟网络间逻辑独立，互不影响。可以按需构建出不同的逻辑网络实例。不同的网络分片实现了逻辑上的分离，每个分片的拥塞、过载、配置的调整不会影响到其他分片。同时，不同分片中的网络功能可以共享相同的软、硬件资源。

面向 5G 网络的典型应用场景，可以将网络切片为连续广域覆盖网络、热点高容量网络、低功耗大连接网络和低延时高可靠网络等。连续广域覆盖网络主要针对移动性较强、存在漫游等业务的场景增强网络连续覆盖的范围，特别适用于提升小区边缘及通信盲区用户的通信体验。热点高容量网络通过高效的无线传输技术实现更大的数据通信能力。低功耗大连接网络通过简化的连接管理、移动性管理和控制协议优化实现低功耗及大连接的特性。低延时高可靠网络则通过用户面网关下沉，提供更靠近用户的数据存储和计算功能，有效降低系统用户面和控制平面延时，同时，通过端到端的服务质量控制，满足高可靠的业务需求。

3. 转发平面

转发平面包含用户面下沉的分布式网管，通过边缘存储、边缘计算等技术实现业务流加速。

转发平面将网关中的会话控制功能分离，简化了网关功能。同时，网关位置下沉，采用分布式部署，提供了低延时、高带宽的业务体验。移动边缘计算使数据和计算更靠近用户，从而可以提供低延时、高带宽和位置感知的服务。

8.2 网络功能虚拟化

在早期的电信网络中，几乎每一种电信网元都有自身特有的物理形态。不同的网元可能会基于不同的架构开发，不同设备制造商所提供的同一种网元也可能会在形状、大小及供电方式等方面出现差异。这些外形各异、功能不同的设备给电信运营商带来了巨大的难题，运营商在组建自身的运营网络时需要向不同的设备制造商采购不同功能的网络设备，种类繁多的网络设备都需要额外的备份，每一种设备运行方式、维护手段的不同大大增加了运营商的组网费用和运营成本。当有新业务需要投入运营的时候，运营商需要花费更长的时间进行方案论证、采购招标及软硬件调试，这些都将增加新业务上线的开发时间，难以满足不同类型客户的需求。

为了解决这个问题，多家电信公司在 2012 年的时候提出了网络功能虚拟化（Network Function Virtualization，NFV）的概念。所谓网络功能虚拟化，是指基于通用硬件，利用虚拟化技术实现电信网络元件的软件化。网络功能虚拟化的核心思想是把逻辑上的电信网络元件与具体的硬件设备解耦，以期在统一的硬件设备上运行不同的网络功能。通过这种方式，不仅可以通过大规模的通用设备采购降低硬件采购的成本，还因为物理形态的统一而降低了运维的难度。此外，网络功能虚拟化带来了网络功能的开放，网络架构更加灵活，业务感知和适配能力更强，更适合新业务的创新，有助于提高运营收益。

8.2.1 网络功能虚拟化框架

一般来说，一个网络功能虚拟化环境包含网络功能虚拟化基础设施（Network Function Virtualization Infrastructure，NFVI）、虚拟化网络功能（Virtualized Network Function，VNF）及网络管理与编排（Management ANd Orchestration，MANO）3 部分，如图 8-2 所示。网络虚拟化基础设施是由一个或多个数据中心组成的云计算资源池。底层的硬件用于提供各种资源，虚拟层将这些物理资源（如计算资源、存储资源、网络资源等）抽象出来，变成虚拟的资源。虚拟化网络功能指运行在虚拟机或容器中以实现传统电信网络元件功能的软件。虚拟化网络功能运行所需要的计算、存储和网络资源全部由 NFVI 提供。网络管理与编排通过对底层的管理和编排形成上层的应用，包含虚拟化设施管理、虚拟化网络管理和编排器 3 个层面，虚拟化设施

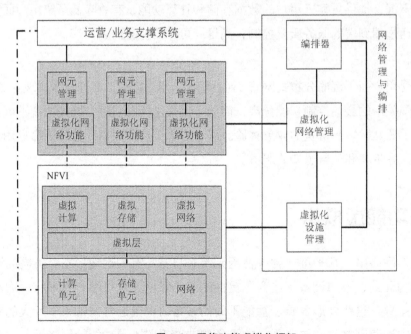

图 8-2　网络功能虚拟化框架

管理负责对实际的物理资源进行管理，分配供虚拟化网络功能单元所使用的虚拟机，并对这些虚拟机进行生命周期的管理，完成如创建、迁移、销毁和重生等操作。虚拟化网络管理负责对虚拟化网络功能进行生命周期的管理，包括网络功能的扩容、缩容、终止等。编排器是整个 MANO 单元的控制中心，负责对网络虚拟化基础设施资源和软件资源进行统一的管理和编排，同时负责实现网络业务到 NFVI 的部署。

8.2.2　虚拟化设施管理平台

电信网元与硬件解耦之后，虚拟化的网络功能统一运行在服务器上。但是，不同的网元对运行资源（如内存、CPU、硬盘）的要求不同，服务器的规格也千差万别。当运营商要上线新的业务时，需要自己购买服务器、交换机等设备，并进行组网施工、软件调试才能最终交付使用，这一过程往往需要耗费数月的时间。通常采用虚拟化设施管理来解决上述问题，通过将各种硬件资源虚拟化，屏蔽底层的物理差异，从而让运营商可以根据不同业务的要求自行创建逻辑主机、交换机、防火墙、负载均衡器等设备，并通过简单的操作在几分钟内部署一个复杂的逻辑网络。

常见的虚拟化设施管理平台有开源的 OpenStack、VMware 的 vSphere 等。OpenStack 是一种开源的云管理平台，也是当前通信领域中应用最广泛的云管理平台之一，很多公司都在 OpenStack 上进行二次开发、包装自己的产品。

OpenStack 的目标是为公有云和私有云提供一个开源的云计算管理平台，由若干个提供不同服务的组件组合起来完成具体工作。近几年来，OpenStack 平台得到了快速的发展，中国开发者的贡献度也在逐年提升。

OpenStack 使用了较为简单的分层方法，如图 8-3 所示，水平方向上分为 3 层，分别为表示层、逻辑层和资源层。表示层即 Presentation 层，组件在这一层与用户交互，接收和呈现信息，组件可以通过网络界面、命令行或函数实现与用户的交互。逻辑层也称为业务层，组件在这一层实现具体的业务逻辑，如虚拟化、计算资源的调度等。资源层包含了具体的计算、存储和网络资源，各服务组件通过这些资源的管控对外提供服务。

在垂直方向上，OpenStack 分为系统集成和管理两个部分，系统集成部分提供了计费和身份验证功能，管理部分提供了对整个系统组建的管理和监控功能。

OpenStack 平台定义了与系统交互的应用开发者、运维开发者、应用拥有者和云系统运维者 4 种用户。这 4 种用户都被划分了相对应的功能，以满足各自的不同需求。应用开发者面对的是各个组件提供的应用程序接口（Application Programming Interface，API），通过使用这些 API 进行编程，开发基于 OpenStack 的应用。运维开发者既使用各组件的 API，又使用 OpenStack 提供的仪表板进行运维。应用拥有者通过提供给用户的门户来管理和使用自己的应用程序。云系统运维者通过监控和管理界面运维整个 OpenStack 平台。

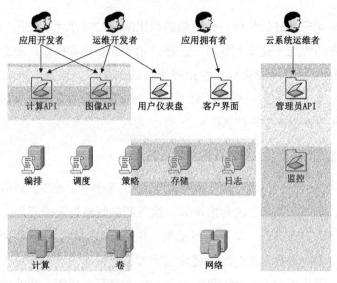

图 8-3　OpenStack 分层方法

8.3　软件定义网络

在传统网络中，对流量的控制和转发都依赖于网络设备实现，且设备中集成了与业务特性紧耦合的操作系统和专用硬件，这些操作系统和专用硬件都是各厂家自己开发和设计的。虽然可以通过制定规范实现跨厂商设备之间的协议交互和流量互通，但当涉及网络运维、新业务调试等操作时，不同厂商的不同实现还是会给网络管理者带来巨大的困难。

软件定义网络（Software Defined Network，SDN）架构改变了这种状态，其中，网络设备将只负责单纯的数据转发；原来负责控制的操作系统被提升为独立的网络操作系统，负责对不同业务特性进行管理；网络操作系统和业务特性及硬件设备之间的通信都可以通过编程实现。

8.3.1　软件定义网络的概念

软件定义网络是一种新型的网络架构，其核心技术最早起源于 OpenFlow 技术，是网络虚拟化的一种实现方式。软件定义网络的核心思想是将网络的设备控制平面与数据转发平面进行分离，并利用可编程化控制实现对网络流量的灵活控制，使网络作为管道显得更加智能。

在传统的网络架构中，不同的业务有不同的网络配置，在业务需求部署上线以后，如果业务需求发生变动，则需要重新配置相应的网络设备，这是一件非常耗时的工作。随着业务种类的增加，新业务对于网络灵活性的要求也越来越高。软件定义网络架构将网络设备上的控制权分离出来，由集中的控制器管理，不再依赖底层的网络设备，从而屏蔽了来自底层网络设备的差异。

如图 8-4 所示，软件定义网络的典型架构自上而下可以分为应用层、控制层和基础设施层。最上层的应用层包含各种不同的业务应用，对于开发者来说是开放区域，开发者可以进行创新开发。中间的控制层主要负责处理数据资源的编排，维护网络拓扑结构并监控状态信息；其中包含大量业务逻辑，以获取和维护不同类型的网络信息、状态详细信息、拓扑细节、统计详细信息等。最下面的基础设施层由各种网络设备构成，随着虚拟化技术的发展，基础设施层可以是数据中心的一组网络硬件交换机和路由器，也可以以软件形态实现虚拟化组网。

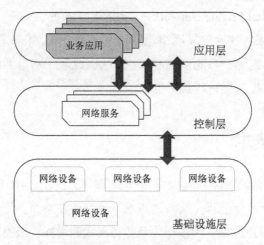

图 8-4　软件定义网络架构

软件定义网络具有的特点为硬件设备归一化、设备资源虚拟化、通用硬件及软件可编程化，这些技术特点可以为系统带来以下一系列好处。

（1）硬件设备归一化使硬件设备与业务特性结构解耦，运营商只需要关注硬件设备的转发能力和存储能力，因此可以采用相对廉价的商用架构来搭建系统。

（2）网络的智能性全部由软件实现，网络设备的种类及功能由软件配置而定，对网络的操作控制和运行由服务器作为网络操作系统来完成。

（3）对业务响应更快、更便捷，可以定制各种网络参数，如路由、安全、策略、服务质量及流量工程等，并实时配置到网络中，这样开通具体业务的时间将缩短。

8.3.2　软件定义网络的应用

在云数据中心中，软件定义网络与 OpenStack 等网络虚拟化组件配合，提供了网络配置的自动化、网络的集中控制和管理，其主要价值在于以下几点。

（1）网络环境所见即所得。通过云平台创建的逻辑路由器、逻辑网络、自定义的子网、IP地址、逻辑防火墙及负载均衡器等可以快速地通过 SDN 控制器配置到底层物理网络，并且支持不同用户之间的 IP 地址空间的完全重叠，可以实现逻辑网络、防火墙和负载资源的隔离，从而使用户的虚拟网络部署完全自动化。

（2）虚拟机迁移策略跟随。在虚拟环境下，虚拟机的迁移和重生都是重要的功能。软件定义网络可以实现虚拟机迁移、重生后网络策略的完全跟随，包括虚拟机的安全策略、带宽限速、优先级别及流量镜像策略等。

（3）网络的可视化管理。软件定义网络控制器提供了从虚拟网络到物理网络的可视化，提供了可视化故障定位。

（4）网络功能的快速引入。在 SDN 中，绝大部分新的网络功能只需要升级单个控制器，或者在控制器应用程序接口上开发新的应用,无须对网络设备进行升级。

随着技术的发展,软件定义网络的核心技术也从最早的 OpenFlow 技术发展到了以太网虚拟专有网络(Ethernet Virtual Private Network,EVPN)技术等。

随着物联网时代的到来,软件定义网络也得到了蓬勃发展。在物联网系统中使用软件定义网络可以通过 SDN 控制其监测设备的功能和状态,大大减轻了服务器的负载。同时,海量的物联网设备也可以通过 SDN 控制器进行统一的管理。

8.4 网络切片技术

人们通常认为,业务有什么样的需求,网络就应该怎么建设。4G 时代,业务的性能用带宽就能衡量,只要带宽足够大,就能满足客户的需求。就好像在路面上行车,只要路足够宽,车就能高速行驶。但是,随着用户类型变得多样性及业务形式的增加,新的问题出现了,不同的业务对网络的诉求是不一样的,即使同一个业务的不同数据对网络的连接性能要求也可能不相同。

网络演进,架构先行。从某种意义上来说,网络架构比空口和站点方案更加重要,因为架构决定了数字转型和业务开发的方向。网络架构的改变,应当从当前的独立系统演进到云化,再到面向业务的端到端切片网络。与 4G 时期相比,5G 网络服务具备更贴近用户需求、定制化能力进一步提升、网络与业务深度融合及服务更友好等特征,其中具有代表性的网络服务能力包括网络切片技术和移动边缘计算技术等。

网络切片是指基于客户化需求可以被设计、部署、维护的逻辑网络,其旨在满足特定的客户、业务、商业场景的业务特点及商业模式。网络切片将现实存在的物理网络在逻辑层面上划分为多个不同类型的虚拟网络,依照不同用户的服务需求(如延时的高低、带宽的大小、可靠性的强弱等指标)来进行划分,从而应对复杂多变的应用场景。网络切片技术通过对网络数据进行分流管理,可以高效灵活地部署各种差异性需求业务网络。

网络切片是网络功能虚拟化应用于 5G 网络的关键特征。那么,切片究竟应该怎么切呢?在 5G 网络中,三大应用场景中每一种场景的网络承载能力和安全性等性能指标都不相同,通过网络切片技术可以在一个独立的物理网络中切分出多个逻辑网络,从而避免为每一个服务建设一个专用的物理网络,大大节省了运营商部署的成本。如图 8-5 所示,运营商可以通过延时、带宽、安全性、可靠性等性能将物理网络切分成多个虚拟网络,每个网络适应不同的服务需求,以应用于不同的场景。

网络切片不是单独的技术,它是基于云计算、虚拟化、软件定义网络、分布式云架构等几大技术群而实现的。通过上层统一的编排让网络具备管理、协同的能力,实现支持多个逻辑网络功能的通用物理网络基础架构平台。

【例 8-1】华为技术有限公司与西班牙电话公司联合演示了业界首个基于 5G 端到端切片的 VR 互动业务。

网络切片被业界认为是未来运营商面向定制化服务的重要使能技术。利用网络切片技术,运营商可以在同一物理架构上按需对网络资源进行切分，为垂直行业提供差异化、质量可保证的网络服务。

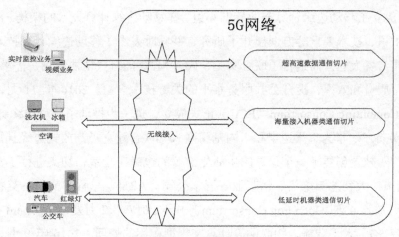

图 8-5　网络切片技术

2018 年 2 月 27 日，在巴塞罗那世界移动大会期间，华为技术有限公司与西班牙电话公司联合展示了业界首个基于 5G 端到端网络切片技术的 VR 业务，现场展示了极致的 5G 沉浸式互动与体验。VR 互动业务未来将会应用到游戏、教育、娱乐、医疗、工业设计等各个方面，将给运营商带来新的商业机会。

该演示基于 5G 端到端网络，包括无线接入网、核心网、承载网和终端，验证了 5G 网络切片按需使能多样化业务类型、提供服务可保证的大带宽与低延时业务的能力。

华为技术有限公司 5G 端到端网络切片技术基于面向服务的网络架构，应用网络功能模块化与控制平面、用户平面分离技术，可以使能端到端的网络切片。切片管理可以对切片的生命周期及切片的状态进行端到端管理。网络切片技术展现了一个物理网络支撑多种行业应用的可能性。此次现场演示采用了华为技术有限公司 5G 端到端产品，包括 5G 基站、5G 核心网和 5G 承载网，现场实际测试达到了 1.5Gbit/s 的数据传输速率及 4ms 的端到端延时。

8.5　移动边缘计算

随着 5G、物联网等技术的发展，移动边缘计算已经成为关注与研究的热点。移动边缘计算通过在无线接入网络节点上配置有计算、存储、通信等能力的服务器，赋予接入网边缘计算能力。近年来，工业界和学术界对移动边缘计算的研究热度越来越高，促进了移动边缘计算的发展，加速了其在 5G 中投入使用的进度。

8.5.1　技术发展及基本框架

1．技术发展

移动边缘计算（Mobile Edge Computing，MEC）最早是为解决云计算延时过大、网络拥堵等问题于 2009 年提出的。欧洲电信标准协会于 2014 年提出了基于 5G 架构的移动边缘计算概念，其被定义为在无线接入网内为附近的移动用户提供信息技术和云计算功能的新平台。ETSI 于 2014 年 9 月成立了移动边缘计算产业标准小组，在移动边缘计算技术的架构、参考结构、应用场景、专业术语、技术要求等方面展开了研究，并同时发布了移动边缘计算技术白皮书。华为技术有限公司与各大运营商进行了联合实验，认为 MEC 能有效地协调用户需求与网络资源，是提高网络运营质量和效率，提升公共服务水平的关键技术之一。2016 年 11 月，边缘计算产业联盟（Edge Computing Consortium，ECC）正式成立，进一步推动了移动边缘计算的发展。

2015 年，英特尔、华为、沃达丰和卡内基梅隆大学联合建立了开放式边缘计算的雏形，在宾夕法尼亚州的匹兹堡创建了一个逼真的生活化部署的边缘实验室，切实进行了实验与研究。2016 年，其成员扩大到德国电信、诺基亚等五家公司。ARM、思科、戴尔、英特尔和微软在 2015 年成立了开放雾联盟（Open Fog Consortium），并于 2017 年 2 月发布了 OpenFog 参考架构，该参考架构支持 5G、人工智能、物联网等计算密集型应用的处理。2016 年 9 月，诺基亚公司将 MEC 技术应用到了企业管理之中，强化了企业通信网络的能力，降低了运营成本，且提供低延时、高带宽的通信服务。

随着 5G、物联网等互联网络的发展，移动边缘计算目前已经成为人们关注与研究的热点。移动边缘计算技术通过在无线接入网络节点上配置有计算、存储、通信等能力的服务器，赋予接入网边缘计算能力。近年来，工业界和学术界对于移动边缘计算的研究热度越来越高，促进了移动边缘计算的发展，加速了其在 5G 中投入使用的进度。

2. 基本框架

移动边缘计算技术通过在终端设备周围部署具有计算、存储和通信功能的节点，使终端设备和移动边缘服务器之间的数据传输不需要经过多余的节点和漫长的链路，而可以直接迁移到移动边缘服务器中进行处理，实现了快速敏捷的传输与计算工作，降低了迁移计算的延时。通过将终端设备的计算密集、延时敏感型任务迁移到移动边缘服务器中进行计算，不仅能突破设备资源的瓶颈，还能有效延长设备续航时间。此外，移动边缘服务器分布在用户周围，有很好的地理认知，能为 AR 等地理感知敏感的应用提供有效服务。

移动边缘计算系统基本框架如图 8-6 所示，其不仅充分利用了近距离计算资源，还与云端相辅相成，弥补了云端传输延时长、计算负载大等不足。其主要由智能终端设备、移动边缘服务器、云服务器 3 个部分组成。

智能终端设备指智能手机、平板电脑、传感器等终端设备，这类计算资源有限且使用频繁的设备占移动边缘计算使用者中的绝大部分。

移动边缘服务器分布在无线接入网侧，可能是带有计算功能的基站、Wi-Fi 接入点、机顶盒等。边缘服务器上设有一定的计算资源和存储空间，可以处理用户设备任务请求，或是联合云端服务器共同为用户提供计算服务，将处理后的数据发射回用户。

云服务器为各类互联网用户提供了综合服务，集成了超大计算资源、存储空间和网络通信能力。但云服务器距离用户的终端设备较远，且服务片区较大、用户多，可能会导致计算任务排队、核心网负载过大等问题。

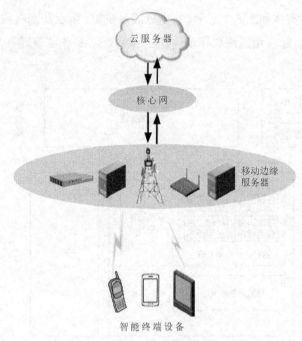

图 8-6　移动边缘计算系统基本框架

在采用移动边缘计算技术的系统中，移动边缘服务器分布在网络接入侧，位于移动终端设备附近，移动终端可以将计算密集型或延时敏感型的计算任务迁移到移动边缘服务器中进行运算，得到回传的计算结果，这在很大程度上降低了任务的计算延时。同时，移动边缘计算技术也减少了移动终端设备所需承担的计算量和能耗，有利于提升设备的续航时间。不仅如此，移动边缘计算技术能在网络边缘将部分计算任务解决，减少了大量的数据收发与处理工作，避免了数据的传输与处理速度降低等问题，满足了低延时应用的需求。若将计算在靠近终端设备的网络边缘完成，能有效地缓解核心网络与云端服务器的负载压力，降低网络阻塞和瘫痪的可能。靠近用户终端的移动边缘服务器具有更优的位置感知，能为用户提供更合适的优质服务。

8.5.2　移动边缘计算的标准与架构

1. 规范标准

2014 年 9 月，ETSI 成立了移动边缘计算产业标准小组（ Industry Specifications Group，ISG），致力于移动边缘计算技术在无线接入网中的标准制定工作，并已发布了多项移动边缘计算的规范标准。其规范主要给出了下述内容。

（1）给出了移动边缘计算中专业术语的表达形式。

（2）在网络功能虚拟化环境下移动边缘计算的部署。

（3）定义了网络功能虚拟化环境下 ETSI 移动边缘计算的参考架构、实现方法与关键技术。

（4）定义了移动边缘计算的框架、参考结构，并给出了移动边缘计算的应用场景。

（5）提出了移动边缘计算的要求，旨在促进互操作性和部署。

2. 架构

MEC架构所涉及的实体如图8-7所示，可以分成系统层、主层和网络层，包括移动端主机（包括移动边缘平台、移动边缘应用系统和移动边缘应用程序）、系统层管理、主层管理、外部相关实体（即网络级实体）等。

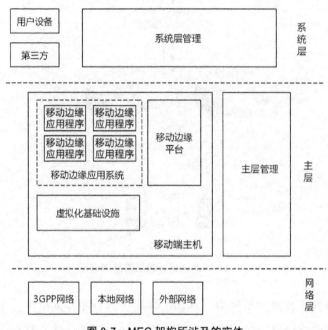

图8-7 MEC架构所涉及的实体

移动边缘平台是移动边缘应用程序在虚拟化基础设施上运行所必需功能的集合。移动边缘平台主要是为应用程序提供服务的，包括信息、位置、存储等。虚拟化基础设施配置有计算、存储、网络等资源，基于按需分配的思想，为应用程序提供一个多程序可同时高效运行的环境。移动边缘应用系统是在虚拟机上运行的应用程序，一般情况下，移动边缘应用系统具有规则的资源和执行要求，如最大可接受延时、存储空间等，这些要求由移动边缘的系统层统一安排。

移动边缘计算产业标准小组给出的 MEC 参考架构显示了组成移动边缘系统的功能元素及它们之间的参考点，如图8-8所示。系统实体之间定义了3组参考点，包括关于移动边缘平台功能的参考点、管理参考点和连接到外部实体的参考点。移动用户可以通过应用使用移动边缘计算服务。第三方用户，如企业公司，也可以通过面向客户的服务（Customer Facing Service，CFS）门户使用边缘计算服务。两者都通过系统层管理器与系统进行交互。边缘计算系统层管理器包括用户应用程序生命周期管理（LifeCycle Management，LCM），将用户设备应用的请求，如启动、终止等，调解到移动运营商支持的操作系统中，并由操作系统决定是否批准请求。批准的请求被发射到移动边缘编排器中，编排器根据可用的计算、存储、网络资源和移动边缘服务，为各项请求做统一的安排。移动边缘平台管理器负责管理应用的生命周期、应用规则、服务授权等事项，虚拟化基础设施管理器负责分配、管理和发布位于移动边缘服务器内的虚拟化计算与存储资源。

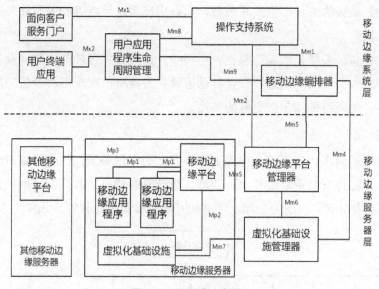

图 8-8　MEC 参考架构

8.5.3　移动边缘计算的特点与应用场景

1. 特点

移动边缘计算技术在网络边缘配置计算、存储等资源，使用户能够获得类似于云计算的服务。不同于传统的云计算，移动边缘计算的特点与优势体现在以下几个方面。

（1）低延时

在传统的云计算中，数据要经过无线接入网、回传链路到达位于核心网的云服务器。而移动边缘服务器部署在网络边缘，临近终端设备，大大减少了数据的传输距离，加快了响应速度，缩短了传输时间。同时，多个移动边缘服务器可协同处理计算任务，避免了云端处理需要排队的情况。

（2）临近用户终端设备

移动边缘服务器的位置在无线接入侧，靠近用户终端设备，即靠近信息源头，有利于收集用于大数据分析的关键信息。移动边缘计算技术能直接对用户设备进行访问，有利于物联网方案的实施。同时，近距离也为低延时、位置感知等特性创造了必要条件。

（3）位置感知

移动边缘服务器与用户终端设备距离较近，能以较低的代价感知与定位用户位置，依据用户位置的分析，为用户提供基于地理位置的特色服务，如虚拟现实、实时地图等。

（4）隔离性

移动边缘服务器更靠近本地，因此，服务器与终端设备的通信过程可以与其他部分的网络相隔离，更适用于数据安全要求高的场合。

（5）网络上下文信息

应用程序可以依据实时网络数据，如无线信道条件、流量统计数据等，来提供上下文相关服务；可以利用收集到的信息提供关联服务，如将用户与兴趣点等相关事件关联起来。

（6）协议转换

智能终端设备多种多样，所属行业也各不相同，这些各式各样的物联网设备接入互联网，会给网络边缘带来大量不同的网络协议。移动边缘服务器可以实现各种设备的网络协议转换，统一协议和标准，给网络传输创造更好的条件。

2. 应用场景

随着 5G 时代的到来，未来将会出现更加多元化的应用场景，这些场景对于延时、计算资源、存储空间等方面也有着更高的要求，移动边缘计算的特点使其成为了解决这类问题的关键技术，在 5G 场景中得到了广泛的应用。图 8-9 所示为移动边缘计算应用的七大场景。

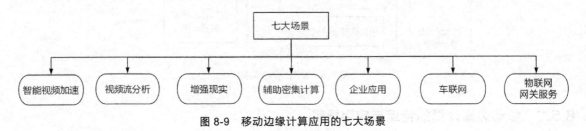

图 8-9　移动边缘计算应用的七大场景

（1）智能视频加速

传输控制协议（Transmission Control Protocol，TCP）认为网络拥塞是数据包丢失和高延时的主要原因，网络拥塞会导致蜂窝网络资源的低效使用，降低了应用程序性能和用户体验。在蜂窝网络中，设备移动或其他设备进入和离开网络会导致系统负载变化，终端设备可用的带宽可能在几秒钟内变化一个数量级，而 TCP 难以适应快速变化的网络环境。为此，移动边缘服务器中配置了无线分析应用程序，为视频服务器提供了一个近乎实时的信号，估计在无线下行接口上可用的吞吐量，视频服务器可以使用这些信息来辅助 TCP 拥塞控制决策，例如，选择初始窗口大小、在拥塞避免阶段设置拥塞窗口的值及在无线链路的条件恶化时调整拥塞窗口的大小，提高最终用户的体验质量，并确保最大限度地利用无线网络资源。

（2）视频流分析

目前，基于视频的监控要么需要将视频流发射到数据处理平台上，要么需要在与摄像头相同的站点上进行视频处理。监控系统 24 小时不间断运行产生的庞大数据量会为传输容量、平台处理带来负担，而将处理器安装在摄像设备上既花费较多又不利于维护。采用移动边缘计算技术，靠近视频采集设备的移动边缘处理器执行分析，只需要从这些视频流中提取小部分信息上传到数据处理平台即可，大大减少了传输高数据视频流的需要。除了监控视频的数据分析外，赛事直播、视频导览等具有低延时、高带宽的要求的应用，都可以通过移动边缘计算技术大幅降低延时，节约成本，提升用户体验。

（3）增强现实

最近流行的基于增强现实的游戏层出不穷。增强现实是基于摄影与位置信息，添加相应的图像、视频、模型等内容的技术，通过智能眼镜、智能手机等设备，给现实世界叠加信息。增强现实是基于本地实景信息的，因此移动边缘计算技术具有相当的优势。移动边缘计算服务器中的应用程序可以分析用户摄像设备拍摄到的对象，将相应对象的缓存数据传输给用户。移动边缘服务器的强位置特性能大量减少需要缓存的数据，同时减少传输数据所需的时间。

（4）辅助密集计算

在设备外部，如在可用的高性能处理器中执行计算，可以增加终端设备的电池使用寿命，并使它们完成计算任务的成本较低。这种类型的计算迁移可能需要设计合适的应用程序，以使应用程序的某些特性留在设备中，其他特性配置在网络资源中。移动边缘服务器可以配置高性能计算能力，这样的计算可以在很短的时间内完成，并将结果反馈给远程设备，这些设备可能需要信息来执行进一步的操作。这种部署减少了远程设备处理密集数据的需要。

（5）企业应用

大型政企类用户对于敏感数据的安全性要求较高，且用户的设备移动性越来越强，许多用户还将自己的设备连接到企业网络。为了有效地为移动用户提供服务，企业的桌面服务正在向云服务迁移，朝着移动办公的方向发展，基于移动边缘计算技术，让员工通过智能手机、平板电脑等直接连接到企业局域网。这需要企业 IT 部门与移动运营商共同制定服务交付策略，从而消除支持固话通信的需要，如桌面电话和局域网布线。在这个移动企业模式中，需要对网络中的用户进行负载平衡，并对不同的员工和客人进行访问控制。

移动边缘平台需要与企业网络进行集成，移动边缘应用程序根据企业信息技术策略来管理访问，实现特定于企业的服务，并确保企业安全性。移动边缘平台可以帮助设备进行网络选择，控制哪些设备通过蜂窝访问连接，哪些设备通过无线局域网连接。移动边缘平台还可以控制访问，在企业域中为每个用户划分不同级别的服务。

（6）车联网

通过车联网，车辆与车辆、传感器、信号灯等设备之间进行通信与信息交互，收集车辆、交通、道路等信息后，在网络信息平台上对数据进行处理与发布，对交通、车辆进行有效的监管与引导，并提供多媒体与互联网服务，能有效指导车辆避开拥堵地段，还能提供智能泊车、汽车定位等服务。随着未来车辆的增多，时时刻刻都会产生大量的数据，同时，车辆行驶过程中对延时要求比较高。移动边缘计算技术能将处理平台、数据存储等功能下沉到移动边缘服务器中，缓解了网络负担，提高了用户体验。

（7）物联网网关服务

物联网的大量设备会产生海量数据，给处理器和内存容量都带来了巨大压力，还需要网关来聚合消息，并确保低延时和安全性。同时，各种设备将通过不同的连接方式接入网络。一般来说，这些消息都是加密的，数据量很小，而且采用了不同形式的协议，这就需要一个低延时的聚合点来管理各种协议、消息的分发和消息的分析处理。移动边缘服务器配有一些计算和内存资源，可以将物联网设备消息聚合起来，提供处理、分发、远程控制访问等服务。部署靠近设备的移动边缘服务器作为物联网网关可以实现直接的机器至机器的信息交互。

8.6　本章小结

需求就是技术变革的原动力，云服务、高清视频、虚拟现实、物联网等新应用将是未来运营商的主流业务。为了更好地承载这些业务，满足不同业务对网络多样化的需求，运营商网络将需要考虑诸如超低延时、高带宽、高可靠性、巨量并发连接数、无缝连接、高安全性及快速业务发放等定制性服务。如何迎接这些挑战并在日益白热化的商业竞争中存活下来，是当今运营商所要面对的问题，求变已是全行业的共识。

运营商网络转型的核心是重新释放其网络基础设施的巨大价值，通过软件定义网络、虚拟化技术和云计算技术对网络进行软件化和云化改造，使之具备敏捷、开放和自动化的特性，成为业务的高效使能平台，并支撑无缝的业务体验。

智能社会时代，运营商的业务形态和商业模式都存在极大的不确定性，网络的智能化已成为当下的迫切诉求。未来的网络将从传统以设备为中心的网络架构转向以用户为中心的智能网络，并使运营商的商业价值最大化。

伴随云、大数据、人工智能技术的快速成熟，智慧将是未来网络的一个关键特征，只有智慧，才能应对未来商业模式的不确定性。网络的"智慧"包括网络可视化、业务敏捷化和运维智能化等。网络可视化即实现网络资源的可感知，包括带宽、网络健康状态、预警、性能等各类网络信息；业务敏捷化将使能运营商业务的快速发放，使业务发放时间由数周缩短到分钟级；运维智能化则指全面引入人工智能、大数据分析等技术和工具，实现网络的智能化运维及预测性分析。

本章结合未来 5G 网络业务和运营部署的需求，介绍了 5G 网络新技术、新架构，重点介绍了软件定义网络、网络功能虚拟化、网络切片技术和移动边缘计算技术。

8.7　课后习题

1. 选择题

（1）网络功能虚拟化是指（　　　）。

    A. 基于通用硬件，利用虚拟化技术实现电信网络元件的软件化

    B. 对实际的物理资源进行管理，分配供虚拟化网络功能单元所使用的虚拟机，并对这些虚拟机进行生命周期的管理

    C. 对虚拟化网络功能进行生命周期的管理，包括网络功能的扩容、缩容、终止等

    D. 对网络虚拟化基础设施资源和软件资源进行统一的管理和编排，同时负责实现网络业务的部署

（2）以下（　　　）属于常见的虚拟化设施管理平台。

    A．Matlab   B．OpenStack   C．Python   D．OpenFlow

（3）软件定义网络的典型架构中不包含（　　　）。

    A．应用层   B．控制层   C．基础设施层   D．网络层

（4）3GPP 批准的 5G 技术独立组网标准是（　　　）。

    A．Release 14   B．Release 15   C．Release 16   D．Release 17

2．简答题

（1）软件定义网络具有哪些特点？

（2）什么是网络切片技术？

（3）移动边缘计算技术的优点有哪些？

（4）以移动边缘计算技术的具体应用场景为例，举例说明其应用的优势。

第 9 章
5G网络中的安全问题

在 5G 网络中，大量的宏蜂窝、微蜂窝及用户设备等不同层次的网络元素共同构成了一个多层次的异构通信网络。新的网络采用了新型组网方式，其新业务层出不穷，移动数据呈爆炸式增长，同时，随着用户终端多样化趋势的发展，5G 网络将面临比现有无线通信系统更为严峻的安全问题。

首先，5G 网络将面临终端的移动性和无线信道的开放性带来的传统安全威胁。其次，种类多样、功能各异的终端设备，不同拓扑结构的异构无线网络的融合互通，基于互联网协议网络架构下更为开放的网络设施及不同信任等级的承载业务将为 5G 网络带来新的安全威胁。

如何在不同的应用场景下为用户的多种业务提供安全的高速接入，有效保证异构无线网络及多样化终端协同通信下的安全问题，是 5G 异构网络亟待解决的问题之一。物理层安全问题研究通过利用无线信道的差异性针对无线传播特点研究安全防护机制，为 5G 网络安全提供了一层保障。5G 核心网采用了网络虚拟化、软件定义网络及云计算等新技术，这些新技术的引入为 5G 网络带来了新的威胁，也为解决网络安全问题提供了新的思路。

学习目标

① 了解 5G 网络安全架构及安全机制，掌握 5G 网络的安全措施。

② 了解空口安全、传输安全、设备安全和运维安全中面临的不同问题，掌握相关解决方案。

9.1 5G 网络安全机制及安全架构

1. 安全机制

为保障移动终端安全接入运营商网络及移动终端用户通信数据在网络侧安全传输，3GPP 标准定义了传统网络的安全架构，包括移动终端接入认证、密码算法嵌套、用户面及信令面数据保护等安全机制，如图 9-1 所示。

（1）网络访问安全

网络访问安全是指终端签约用户通过无线空口接入运营商移动网络的安全需求和安全功能。

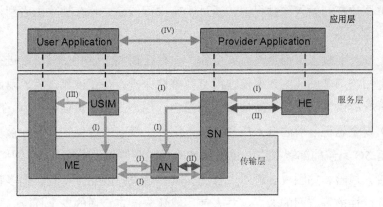

图 9-1   安全机制

（2）网络域安全

为防止网络被不可信的第三方非法访问,需要对网络域安全访问认证框架进行明确的定义。

（3）用户域安全

用户与运营商签约后，会从运营商获取一张 SIM 卡，这张卡中包含了用于访问其移动网络的身份凭证密钥、唯一标识等敏感信息。如果这些信息泄露，将对用户的隐私安全造成威胁。

（4）应用域安全

应用域安全主要负责保证用户从初始入网到数据通道建立及数据传输全过程中的安全问题。

2. 安全架构

在继承 4G 网络安全架构的基础上，5G 引入的新场景对产品形态、架构变化、接口等提出了新的安全需求。图 9-2 所示为 5G 网络安全参考架构，其对网络中的安全过程、处理和算法都进行了明确的定义。

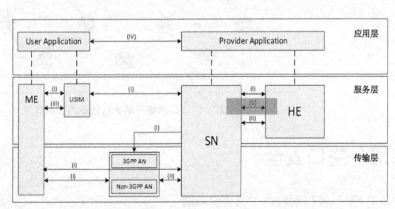

图 9-2   5G 网络安全参考架构

5G 网络架构是基于 4G 演进而来的，在制定 5G 标准时，解决了 4G 网络中存在的以下安全问题。

（1）用户在初始入网过程中，通过明文进行传输，存在被攻击者利用进行非法用户跟踪的问题。

（2）初始非接入层消息没有安全保护，存在被攻击者利用对网络进行攻击的风险。

（3）用户与基站间的数据传输没有完整性保护，存在被攻击者篡改的风险。

（4）核心网之间交互敏感信息（如密钥、用户身份、短信等），存在被攻击者窃听的风险。

（5）安全认证之前的接入层和非接入层消息没有安全保护，存在被攻击利用的风险。

随着 5G 系统的部署推广，越来越多的物联网终端设备接入 5G 网络，5G 接入网络可能面对新的接入风险，如图 9-3 所示。首先，从终端设备的角度来看，很多物联网终端设备因为成本、能耗、性能等方面的考虑，并未使用或还未制定合适的安全标准，导致这些设备厂商放弃了安全考虑，从而使这些终端设备容易受到网络安全攻击，给 5G 网络的正常运营带来了风险。其次，5G 接入网络将面对比较复杂的网络环境，异构的基站部署环境差别较大，某些基站设备能轻易被大众所访问，有些家用基站甚至直接部署在用户家里，很容易被近端访问，所以会带来网络威胁。

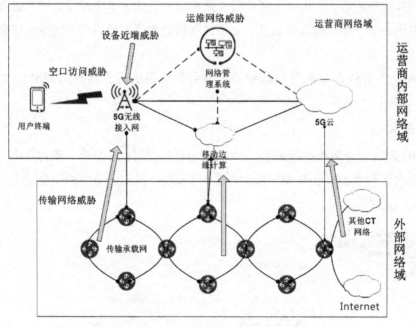

图 9-3　5G 网络可能面对的新的接入风险

9.2　空口安全

1. 空口接口面临的主要安全威胁

用户与基站之间的接口是公共开放的接口，攻击者可以利用该接口对 5G 网络或终端进行攻击。图 9-4 所示为 5G 空口接口面临的主要安全威胁。

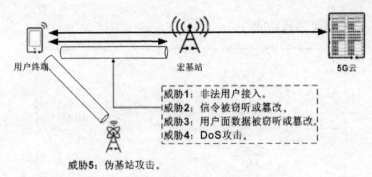

威胁5：伪基站攻击。

图 9-4　5G 空口接口面临的主要安全威胁

（1）非法用户接入 5G 网络

非法终端用户在没有认证的情况下接入网络会消耗网络资源，同时，攻击者可以利用非法终端对网络发起攻击，一旦攻击者利用大量非法终端对网络侧设备进行攻击，就可能造成网络拥塞、拒绝服务、网络设备故障等重大事故。

（2）信令被窃听或篡改

信令数据在无线空口传播过程中，可能存在被窃听的风险，造成用户隐私信息泄露，攻击者可能利用泄露的隐私信息对用户进行非法跟踪、电信诈骗等。同时，信令数据也存在被攻击者篡改的风险，可能造成用户无法入网、网络设备无法正常服务等异常情况出现。

（3）用户面数据被窃听或篡改

用户面数据在无线空口传播过程中，存在被攻击者窃听的风险，可能造成用户的经济财产等利益受损，如银行账号密码泄露导致用户财产损失等。同时，用户面数据也存在被篡改的风险，可能造成业务通信失败、网络应用被恶意攻击或者其他通信对等端被恶意攻击等。

（4）拒绝服务攻击

拒绝服务（Denial of Service，DoS）攻击是指故意地攻击网络协议的缺陷或直接通过野蛮手段耗尽被攻击对象的资源，其目的是让目标计算机或网络无法提供正常的服务或资源访问，使目标系统服务系统停止响应甚至崩溃，可以攻击的服务资源包括网络带宽、文件系统空间容量、开放的进程或者允许的连接。这种攻击会导致资源匮乏，无论计算机的处理速度多快、内存容量多大、网络带宽多宽，都无法避免这种攻击带来的后果。

2．5G 网络认证架构

5G 网络面向海量物联网设备、行业终端用户提供开放性的网络接入能力，也面临着更多的来自恶意终端的攻击。如果攻击者利用一种终端设备的漏洞控制大量的终端向网络发起 DoS 攻击，则可能会造成网络的可用性、可服务性降低，甚至造成网络设备出现故障。5G 网络提供了统一的认证架构，以适应不同终端类型和不同接入网络类型（3GPP 接入和非 3GPP 接入），如图 9-5 所示。

5G 网络架构中与认证相关的网络功能主要包括以下几项。

（1）网络接入访问与移动性管理功能（Access and Mobility Management Function，AMF）：

提供无线接入访问安全认证锚点功能。

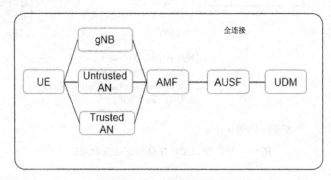

图 9-5 5G 网络认证架构

（2）服务器认证功能（AUthentication Server Function，AUSF）：根据不同的网络接入类型选择合适的认证方式。

（3）统一数据管理（Unified Data Management，UDM）：存储用户根密钥及认证相关的签约数据。

3. 5G 网络保护机制

5G 网络也定义了移动终端与基站之间的信令连接安全,支持移动终端与基站之间信令的加密、完整性保护和抗重放保护,其中完整性保护为必选,加密为可选。

在传统 2G、3G、4G 网络中,主要是语音、数据业务,因此只对用户面数据进行了机密性保护,没有对其进行数据完整性保护,因为数据完整性保护可能会导致用户通信体验降低。例如,在语音通信过程中,通信的内容可能因为无线信道的畸变而造成传输内容的失真,但这并不影响用户语音通信的正常使用,如果将信息丢弃、重传,则可能会影响通信质量。在 5G 网络中,物联网终端通信内容、工业控制等消息承载在用户面数据中,如果被篡改,可能会给物联网设备的控制带来风险,因而 5G 网络新增了用户面数据的完整性保护机制。

在传统的用户面安全基础能力之上,5G 安全架构中的用户面安全需要具有以下能力。

（1）面向业务的差异化安全保护能力

5G 网络需要根据安全策略制定用户面的安全保护机制,以满足不同的业务差异化的数据传输保护需求。运营商网络应根据业务安全策略,在控制平面配置用户设备和网络之间的用户面数据保护机制,如密钥长度、密码算法等,并在用户面实施对应的安全保护。运营商网络可以根据业务安全策略、网络策略、终端策略来决策和协商用户设备和网络之间的数据保护机制。

（2）面向设备的认证与管理能力

面向物联网设备,5G 网络支持可扩展的认证机制和远程身份管理。基于多元化的身份管理机制,进行物联网设备及可穿戴设备的远程身份管理。

在 3GPP 中,定义了移动终端与基站之间的数据连接安全,支持移动终端与基站之间数据的加密、完整性保护,核心网可以根据用户签约数据,以及移动终端实时发起的业务类型来决定是否对该移动终端发起的业务数据进行加密或完整性保护,基站支持基于核心网下发的安全策略控制是否激活用户数据的加密和完整性保护。

当前，终端设备完整性保护能力有限，3GPP 协议中规定，移动终端可以告知基站其能支持的完整性保护最大速率，核心网在给基站下发的相关指示中携带了该信息，基站可以根据移动终端的完整性保护最大速率控制数据的发射。

在传统的 4G 网络中，移动终端接入运营商网络时，其永久身份标识采用明文传输，只有入网认证通过并建立空口安全上下文之后，数据才被加密传输。在这种机制下，攻击者可利用无线设备在空口窃听到移动终端的身份信息，造成用户隐私信息泄露。5G 网络对该安全问题进行了改进，增加了对用户永久身份标识的加密传输保护机制，可以保护用户的隐私不被泄露。

面对 5G 网络终端从空口对基站发起的 DoS 攻击，基站应具备空口数据流控制机制。当基站设备受到大流量攻击时，设备的数据流控制机制可有效降低基站复位重启、拒绝服务攻击等风险，从而提升基站设备的可靠性，确保业务持续正常服务；同时，可以降低接入成功率和切换成功率恶化风险，维持用户体验不变。设备的数据流控制机制包括控制基站的输出流量或接入流量、主动降低基站的流量输入速率或输出速率、识别业务优先级、抑制低优先级数据的接入等。除此之外，数据流控制机制还可以对恶意终端发起的信令攻击进行识别，阻止恶意终端的信令攻击。

防止伪基站攻击也是 5G 网络安全中的重要组成部分。防止伪基站攻击的主要任务是防止移动终端接入伪基站建立的小区。

9.3　传输安全

如图 9-6 所示，5G 无线接入网络按照位置可以划分成前传网和 IP 回传网，不同的网络采用的传输技术也不同。IP 回传网采用 IP 组网传输，其面临的网络安全风险主要有非法接入、数据窃听、数据篡改、数据重放和分布式拒绝服务（Distributed Denial of Service，DDoS）攻击。

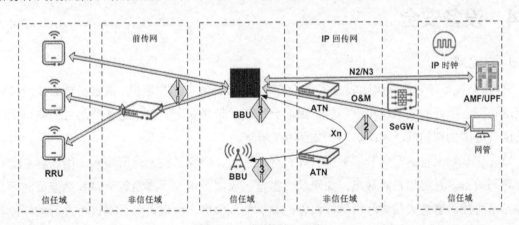

图 9-6　5G 无线接入网络

所谓非法接入威胁，是指网络攻击者试图仿冒合法用户非法接入目标网络，对目标网络进行嗅探、渗透、恶意攻击，以便获取网络数据或者对网络设备进行破坏。

数据窃听威胁是指网络攻击者主动对 5G 网络中传输的内容进行拦截，窃取网络中传输的机密数据、用户隐私数据、用户通信内容等，造成数据泄露。

数据篡改威胁是指网络攻击者主动对 5G 网络中传输的内容进行拦截，对所传输的数据进行篡改、插入、删除等恶意攻击，导致目标设备收到错误的数据而出现系统遭受破坏、服务无法正常运行、系统被植入恶意代码或恶意指令等威胁。

数据重放威胁是指网络攻击者截获目标设备的通信内容，重新发给目标设备，以达到欺骗目标设备的目的。数据重放可以让非法用户接入目标网络或者让终端重复收到相同的信息，导致非法用户登录网络或者终端重复执行业务。

DDoS 攻击可以使很多计算机在同一时间遭受到攻击，使攻击目标无法正常使用。DDoS 攻击已经出现过很多次导致大型网站无法进行操作的情况，这样不仅会影响用户的正常使用，还会造成巨大的经济损失。DDoS 攻击中，网络攻击者控制网络中大量的傀儡设备，利用目标系统网络服务功能缺陷或者有限的资源，对目标设备发射大量的报文，使该目标系统无法提供正常的服务。

为了防止网络攻击者对 5G 无线接入网络传输的内容进行窃听、篡改和重放等网络攻击，需要对所有的外部通信接口进行安全保护。

为了建立一个安全的网络环境、使基站接入网络并实现通信，如为其他基站、安全网关、操作维护中心等建立安全通信通道，需要采用安全的双向数字证书认证，建立网络信任关系。基站出厂时预置了设备厂商的数字证书，用于基站安全接入运营商网络，为确保运营商现有网络设备的安全，运营商也会部署自己的身份认证系统，给合法接入运营商网络的设备签发数字证书。基站在通信开始之前，需要将设备厂商的数字证书更换成运营商身份认证系统签发的设备数字证书。

9.4　设备安全

1. 安全威胁

5G 基站设备部署的环境比较恶劣，家庭基站直接部署在用户家里，很容易被大众所接触或被近端访问，所处的网络域也不可信，因而会给基站带来安全威胁。这些威胁可能来自无线空口访问、近端物理访问、网络访问，如图 9-7 所示。

首先，基站设备通常安装部署于室外，环境恶劣，也容易被大众所接触，所以容易遭受物理破坏与攻击。恶劣的自然环境，如飓风、雷电、火灾、水灾、高温等会对基站造成破坏，导致基站不可用。恶意人员破坏机房或机柜门锁、闯入机房、偷盗设备、对设备进行破坏或者试图近端非法接入设备等也会对设备造成损坏。恶意人员还可能拆解设备，恶意替换设备器件或拆解内部单元，非法读取数据并进行逆向破解等。

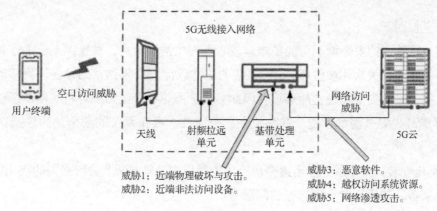

威胁1：近端物理破坏与攻击。　威胁3：恶意软件。
威胁2：近端非法访问设备。　　威胁4：越权访问系统资源。
　　　　　　　　　　　　　　　威胁5：网络渗透攻击。

图 9-7　设备安全威胁

其次，5G 基站容易受到近端非法访问。攻击者或者恶意操作人员一旦近端接入物理设备，就可能试图通过设备上的物理端口（如网口、串口、USB 口等）接入设备或网络，以便对设备或网络进行进一步攻击，造成设备信息泄露、破坏。

恶意软件攻击也是不可避免的问题。攻击者或者恶意操作人员利用运维通道、设备近端接口、应用通信协议、软件实现漏洞等，试图向设备系统中注入恶意软件、恶意代码，以便对设备进行远程控制，或者对网络中的其他设备进行渗透攻击、传播恶意代码等。

另外，系统或应用软件总会存在设计、代码实现缺陷，攻击者可能利用这些缺陷进入设备系统内部，对系统内部的其他应用进行渗透，非法访问系统资源、网络资源，甚至对系统进行恶意破坏、控制，影响系统的正常运行。5G 网络基站设备上部署了许多应用，这些应用自身使用的协议及 IP 网络通信协议都或多或少地存在一些已知漏洞或者潜在漏洞，这些漏洞可能被网络攻击者利用，用来渗透到设备系统中，对设备进行控制，或对网络进行进一步攻击。

2. 安全防护措施

基于以上问题和 5G 基站的特点，其设备的安全防护措施主要包括以下几个方面。

（1）物理安全防护

由于基站部署位置比较灵活，对于基站部署位置的物理安全防护，可根据部署位置采用合适的保护措施。对于室外型基站，设备本身部署在机柜中，机柜应配备安全门锁和门磁告警，保障设备安全，如果治安较差，偷盗现象普遍，则建议在条件许可的情况下考虑建立机房进行保护。对于室内型基站，通常布置于用户的机房中，机房应配备安全门锁，防止非法侵入；设备配置机柜，机柜上面应配备安全锁和门磁告警，只允许授权用户打开机柜；对于非法打开机柜的情况，设备应主动向网管上报告警。小基站应采用一体化结构，确保安装后不易拆卸，保障设备安全。

（2）环境告警功能

如果基站所处环境比较恶劣，基站应具备环境告警功能。对于部署在室外或者野外的基站，在机房具备条件的情况下，建议安装防盗、防火、防水等传感器，监测基站所在机房的状态。

（3）安全加固

操作系统软件中的安全漏洞可能被本地或者远程攻击者利用，对操作系统进行恶意攻击，会导致操作系统和相关软件被破坏，影响系统的正常运行，5G 网络基站设备作为移动通信网络基础设施，需要更加安全和稳定的环境，因此需要参照业界最佳实践对基站操作系统进行安全加固，尽可能减少安全漏洞，提升基站设备的安全性。操作系统的安全加固应遵循以下安全原则。

① 最小化安装：操作系统应当遵循最小化安装原则，只安装业务所必需的应用、服务，关闭不必要的服务，禁用不安全的远程访问服务。

② 最小化权限：系统中的应用应尽量按不同安全等级的普通用户权限运行。系统中的文件和目录的权限设置要合理，遵循最小化权限原则，只允许用户对相应权限的内容进行访问。

③ 漏洞修补：采用最新版本的操作系统，及时安装操作系统补丁，可以降低系统中已知漏洞被攻击者利用所带来的安全风险。

④ 可审计原则：系统应当支持记录所有登录事件、鉴权事件、文件操作等访问事件，以便对系统进行安全审计，及时发现系统中发生的违背安全的行为。

（4）接口安全

在实际中，基站设备应当只打开网络必须使用的接口。对于所有开放的接口，应对任何试图接入该接口的用户或者通信对等端进行身份认证。对于不常用的端口应关闭，只有在需要使用的时候才打开，打开相应的端口应记录日志，并向网管上报告警事件。网管支持对设备端口状态进行监控、审计，以便及时发现风险。针对基站上不同的接口及其用途，采用适当的安全措施进行保护。

（5）数字签名

基站软件应进行数字签名保护，确保基站上运行的软件都是来自设备厂商的合法软件，以防止攻击者或者恶意人员在基站上植入恶意软件。基站安装或者升级时，对导入的软件进行数字签名校验，只有校验通过的软件，才允许用来导入基站或者进行基站升级。

基站设备应当支持基于硬件芯片内置的可信根进行安全启动，在启动过程中依次对所加载的下一级软件进行签名校验，只有签名校验通过才能加载运行；如果校验失败，则应停止启动。

（6）代码保护

设备系统在运行过程中，恶意攻击者可能将恶意代码注入系统中正在运行的合法应用程序的内存代码，以便执行恶意代码，对系统进行恶意攻击。因此，系统应具备防恶意代码执行的安全保护能力，例如，采用地址空间布局随机化（Address Space Layout Randomization，ASLR）技术增加攻击者预测所执行代码地址的难度，有效阻止代码溢出类攻击；采用数据执行保护（Data Execution Prevention，DEP）技术有效隔离内存中的数据和代码，防止在数据中执行恶意代码；采用检测技术监控系统中运行的内存代码的完整性，及时发现运行过程中软件代码是否被恶意篡改。

（7）文件保护

基站系统中可能存在各种应用的配置文件、系统配置文件、系统账户和安全策略、程序软件、日志文件等关键文件。这些文件在系统中存储时或在应用过程中可被非法篡改，或非法访问，可能对系统造成破解或使敏感信息泄露，因此基站设备应支持对关键文件进行完整性、机密性保护。

9.5　运维安全

5G 商用时代正在开启，数据流量的激增、网络复杂度的不断提升给传统的网络运维工作带来了巨大挑战。借助 AI、大数据等新技术和工具，可以显著提升网络运维的效率。网络的运维经历了以人为主的经验时代、以各类网管系统和自动化工具为主的平台化时代，并正在向以智能网络为主的数字化时代迈进，未来的运维将从关注稳定性、安全性转向应用需求和用户体验。

1. 技术要求

在数字化时代，行业对智能化网络运维体系提出了更高要求。

（1）将运维管理数据和用户应用的生产数据结合起来还原运营真相，指导并提供服务。

（2）从海量数据中探索出合适的模型，对网络的运行状态进行趋势预测，对可能影响用户使用的问题进行防范。

（3）对运维资源实现自适应调整及优化，进一步提升运维效率，降低成本。

2. 安全威胁

在网络运维过程中，网络攻击者及内部恶意运维人员都可能对网络及管理系统造成威胁，其威胁主要包括以下几个方面。

（1）非授权访问机房

5G 网络较为复杂，涉及多厂商设备的运维，人员较复杂，如运营商员工、设备厂商员工、第三方运维人员等。如果对这些人员管理不当，使其能够随意进出核心机房，就可能会导致内部恶意人员非法操作、误操作，造成网元配置修改、系统不正常运行、敏感信息泄露等安全异常行为。

（2）非法访问系统

非法访问系统即操作运维人员在没有授权的情况下，尝试登录系统并访问系统资源，如非法或越权查看网元数据、修改系统配置、安装恶意软件等。一旦攻击者或恶意操作人员在网管系统中安装了恶意软件，或者给网元安装了恶意软件，就可以通过恶意软件对网元、网管进行远程接入控制，长期潜伏，影响较大。

（3）非授权操作与权限滥用

运维操作人员在运维过程中，在没有相应操作权限的情况下，尝试对网元、网管进行操作尝试，试图绕过鉴权机制对网元进行操作运维即为非授权操作，就会对系统业务正常运行造成影响，甚至恶意收集数据、植入恶意软件等。另外，在操作授权过程中没有遵循最小授权原则，操作人员授权操作的范围过大，可能会影响网元的正常运行。恶意操作人员甚至可能利用职责便利，进行越权操作、恶意操作，导致系统出现故障，如系统重启、服务及网络关闭等。

（4）非法访问运维数据

网络运维过程中会收集网元数据，这些数据涉及网元的配置（如 IP 地址、用户口令、密钥等）、跟踪数据、业务数据、日志等。敏感数据泄露会造成恶意人员非法访问系统、窃听网络通信，长期潜伏，难以发现，影响较大。对业务数据的破坏可能会影响系统的正常运行，导致系统无法提供服务。

（5）恶意冒充

攻击者冒充网管，试图接入网元、控制网元。或者攻击者伪造网元或客户端，试图接入网管、控制网管，从网管获取数据。

（6）恶意窃取

攻击者或者恶意用户尝试登录网元、网管，暴力猜测、窃取用户口令。另外，如果网管与网元之间的 IP 通信采用明文传输或者不安全的传输协议，网络攻击者就可能对数据流进行拦截、窃听、中间人攻击，以获取关键数据（如网元配置信息）、敏感数据（如用户名口令、密钥等），或者对数据进行篡改。

（7）DDoS 攻击

网络攻击者对运维系统进行 DDoS 攻击，占用网络带宽或者使 OM 网络中的服务资源消耗殆尽，导致其无法提供正常服务。

3．安全运维方案

针对上述运维网络中存在的安全威胁，运营商应根据企业整体安全战略规划、安全策略、组网等情况进行安全分层，分级治理，将无线移动通信网络纳入统一的安全运营管理系统中；对网元和系统的安全性进行充分评估，设计合理的端到端安全解决方案和安全策略，如安全域划分、安全组网、网络节点安全策略、人员安全管理策略及数据安全管理策略等；在部署过程中，按照安全性设计，根据设备厂商提供的产品安全性参考资料及指导手册，对网元、网管进行安全加固、安全配置；在运维过程中，对网元、网管的安全状态进行实时监控或者定期安全审计，对人员管理、操作运维等活动进行安全审计，确保系统、网络、日常运维处于安全运行状态；对发现的安全问题应协同设备厂商及时解决。必要时，运营商应咨询专业的安全顾问或者购买安全服务，对网络进行安全风险评估，确保业务持续、安全运行。

在很多国家和地区，网络安全相关的法律和行业要求越来越多，政府和规则制定者开始要求国家关键基础设施供应商和计算机或信息技术服务供应商承担网络安全义务和网络安全事件的责任。运营商作为基础设施运营者，应遵从和遵守相关规定，并联合设备供应商制定合适的移动网络安全运维解决方案。典型的安全运维方案主要包含以下几个方面。

（1）网络安全部署

在组网初期，运营商网络架构师或设计师、安全架构师应联合设备厂商相关业务专家、安全专家，基于组网安全考虑，根据网络部署规模、位置等划分安全域、子网，将信任域和非信任域隔离，并合理规划 IP 网段，从物理上确保网络和服务器的安全。在云化部署场景下，不同厂商的不同业务共享云基础设施，相互之间没有明显的安全边界，安全性低。因此，当系统部署在云化基础设施上时，运营商应按零信任模型重新定义安全边界。

（2）访问控制管理

首先，在人员管理方面，操作人员、来访人员进入机房应严格遵从企业制度的安全访问要求，对进入机房的人员进行访问权限控制（如门禁系统），并对访问人员进行纸质访问记录登记，以便事后进行安全审计。对于来访的第三方人员，运营商应安排员工进行全程陪同，对操作进行审计、确认。其次，对移动终端进行管理时，为了防止非法访问、滥用权限等，运营商可以对客户端进行集中管理，统一访问控制。

运维操作人员的管理是影响网络运维安全最关键的因素，对运维操作人员所使用的运维账户进行安全管理是非常重要的。对运维账户进行运维操作授权访问控制，所有接入网元的维护人员都必须进行操作授权、身份认证，只有认证和鉴权通过的操作人员才能接入系统，并且仅能进行被授权的操作维护活动。对运维操作人员的管理和授权，必须由安全管理员角色或者管理员角色负责，严格遵循最小化授权原则，有效解决权限滥用、误用、盗用等问题，防止对网元系统的正常运行造成影响。

网管与网元之间的运维管理通道承载着网元运维相关的数据，如管理命令、配置数据、日志、告警信息、性能指标等，还包括用户名、口令、密钥等安全敏感数据。这些数据在网络传输过程中可能被攻击者拦截、窃听、修改、插入、重放，造成网元数据泄露、系统业务破坏。因此，数据在网络传输过程中需要采用安全传输机制进行保护，并对通信双方进行基于数字证书的双向身份认证，确保通信对等端身份的合法性，数据在网络传输过程中的机密性、完整性，保障网元系统业务的可用。

网元具备安全信息与事件采集能力，以提供日志记录功能，如操作日志、系统日志和安全日志。这些日志记录了外部系统或人员访问网元系统、对网元系统进行操作访问及网元内部运行过程中的各种行为信息。管理人员或安全审计系统通过日志查询或审计分析，可以对运维操作人员活动进行安全审计，确保操作人员的日常运维操作遵从安全规范手册，没有异常行为、恶意行为发生。另外，通过对日志进行安全异常行为分析，可以发现网络中发生的、潜在的攻击及威胁，以便及时采用安全加固措施，降低安全风险。

网元对自身发生的一些安全事件、安全违背、网络攻击等行为，可以通过安全告警方式直接上报网管，以便管理员及时处理，消减风险。同时，管理人员也可通过网管对网络中的活动及安全事件进行实时安全监控，以了解网元安全运行状态。

9.6　本章小结

相比于传统 4G 网络，5G 网络提供了更全面的安全能力。针对用户终端接入访问网络中的安全问题，本章从用户认证、加解密算法强度、密钥协商管理、隐私保护、用户面数据保护、防 DDoS 及防伪基站等多个维度介绍了安全保护机制。在网络架构方面，无线接入网络在传统盒子设备的基础上进行了功能切分，网络功能可以根据 5G 业务场景需要进行分布式或集中部署，网络架构更加灵活、可扩展，使无线接入网络在面对网络攻击时更具有韧性。

5G 网络需要承载丰富多样的 5G 垂直业务，因此需要构建一个端到端的 5G 安全传输组网和统一的安全运维管理中心来保障 5G 基础设施安全，这也是为 5G 业务提供可信服务的基本保障。一个健全的网络安全运维中心，可以让运营商实时了解网络安全状况，快速响应网络安全事件，为 5G 网络业务的持续正常服务提供安全保障。

9.7 课后习题

1. 选择题

（1）3GPP 定义了 5G 网络架构中与认证相关的网络功能，其中（　　）提供了无线接入访问安全认证锚点功能。

  A. UDM   B. AUSF   C. AMF   D. RAN

（2）在传统的用户面安全基础能力之上，5G 网络安全架构中的用户面安全需要具有（　　）的能力。

  A. 面向业务的差异化安全保护和面向物联网设备，支持可扩展的认证机制和远程身份管理

  B. 构建一个端到端的 5G 安全传输组网和统一的安全运维管理中心

  C. 对运维账户进行运维操作授权访问控制

  D. 物理安全防护和环境报警

2. 简答题

（1）在数字化时代，行业对智能化网络运维体系提出了哪些要求？

（2）5G 网络基站设备在部署时需要注意哪些问题？

第10章
无线通信技术与物联网

10

物联网可以通过各种装置与技术进行数据的实时采集，从而实现物与物、物与人的泛在连接和智能化管理。随着物联网应用的发展，低功耗广域网以较稳定的信号覆盖能力和较大的信号覆盖范围得到了业界的广泛关注。应用在物联网中的低功耗广域网可以分为授权频段和非授权频段两大类，其中，授权频段物联网技术主要由 3GPP 制定通信协议，非授权频谱的物联网技术包括 LoRa、Sigfox 等私有技术。顾名思义，物联网就是物物相连的互联网。本章将介绍物联网的概念，并结合已学过的无线通信技术讨论授权频段物联网技术与非授权频段物联网技术。

无线通信技术在物联网中的应用主要分为两大类：第一类是通过近距离无线通信技术，如蓝牙、ZigBee、射频识别等技术实现物与物的互连；第二类是采用低功耗广域网通信技术实现较大范围内的信号覆盖。

学习目标

① 了解物联网的概念，了解物联网架构及其特点。

② 了解授权频段物联网技术，并以 NB-IoT 技术为例重点学习蜂窝物联网的特点。

③ 了解非授权频段物联网技术，了解 LoRa 技术的原理与实现。

10.1　物联网的概念

物联网是指通过二维码识读设备、射频识别装置、红外感应器、全球定位系统和激光扫描器等信息传感设备，按约定的协议把任何物品与互联网相连接，进行信息交换和通信，以实现智能化识别、定位、跟踪、监控和管理的一种网络。物联网是新一代信息技术的重要组成部分，也是"信息化"时代的重要发展阶段。这有两层意思：其一，物联网的核心和基础仍然是互联网，是在互联网基础上的延伸和扩展；其二，其用户端延伸和扩展到了任何物品与物品之间进行信息交换和通信，也就是物物相联。物联网通过智能感知、识别等通信感知技术，广泛应用于网络的融合中，也因此被称为继计算机、互联网之后世界信息产业发展的第三次浪潮。物联网是互联网的应用拓展，与其说物联网是网络，不如说物联网是业务和应用，因此，应用创新是物联网发展的核心，以用户体验为核心的创新是物联网发展的"灵魂"。

10.1.1 物联网的发展

早期的物联网是依托射频识别技术的物流网络，随着技术和应用的发展，物联网的内涵已经发生了较大变化。1991 年，美国麻省理工学院的凯文·艾什顿（Kevin Ashton）教授首次提出了物联网的概念。1999 年，美国麻省理工学院建立了"自动识别中心"，提出"万物皆可通过网络互联"，阐明了物联网的基本含义。

2003 年，美国《技术评论》杂志提出传感网络技术将是未来改变人们生活的十大技术之首。2004 年，日本总务省提出 u-Japan 计划，力求实现人与人、物与物、人与物之间的连接，希望将日本建设成一个随时、随地、任何物体、任何人均可连接的泛在网络社会。2005 年 11 月 17 日，在突尼斯举行的信息社会世界峰会上，国际电信联盟发布了《ITU 互联网报告 2005：物联网》，引用了"物联网"的概念。2009 年，欧盟委员会发表了《欧盟物联网行动计划》，描绘了物联网技术的应用前景，提出了欧盟要加强对物联网的管理，促进物联网的发展。

在中国，2010 年，国家发展和改革委员会、工业和信息化部等会同有关部门，在新一代信息技术方面开展研究，以形成支持新一代信息技术的一些新政策措施，从而推动我国经济的发展。2011 年 12 月，酝酿已久的《物联网"十二五"发展规划》（以下简称《规划》）正式印发，《规划》明确，将加大财税支持力度，增加物联网发展专项资金规模，加大产业化专项等对物联网的投入比例，鼓励民资、外资投入物联网领域。可见，物联网产业将迎来政策与市场的双重机遇。

1. 政策机遇

国家和地方不断出台支持物联网的政策文件。《中华人民共和国国民经济和社会发展第十二个五年规划纲要》明确指出，新一代信息技术产业重点发展新一代移动通信、下一代互联网、三网融合、物联网、云计算、集成电路、新型显示、高端软件、高端服务器和信息服务。

2. 市场机遇

从物联网产业链角度来看，物联网时代将给芯片、传感器产业、系统集成、软件和电信运营商等带来巨大的产业机会。

随着物联网技术的发展和应用，越来越多的终端设备将通过无线的方式接入网络。据估计，现有授权频段内的小区通信网络只能满足 10%～15%的移动物联网设备之间的无线通信需求。无线局域网在某些环境下可以有效地补充小区无线通信资源的匮乏，为物联网设备间提供无线通信的服务，但其服务能力和可服务对象十分有限。

除此之外，现有的物联网设备对终端电池电量的损耗提出了更高的要求，很多设备甚至不能或很难更换电池。为了实现持续且更长久的服务，物联网终端设备只能支持低功耗的通信协议。现有的低功耗无线通信协议，如蓝牙、ZigBee 技术为其提供了一种无线通信的可能。但蓝牙和 ZigBee 技术可以提供的通信距离很有限，只能提供近距离的无线通信。为了满足越来越多的物联网设备间的无线通信需求，需要找到一种低功耗、广覆盖的无线通信手段。

10.1.2　物联网架构及其特点

物联网是未来信息技术发展的重要组成部分，其主要技术特点是将物品通过通信技术与网络连接，从而实现人机互连、物物互连的智能化网络。根据物联网业务带宽和功耗等因素，物联网的应用场景可分为监控控制类（高速物联场景）、交互协同类（中速物联场景）和数据采集类（低速物联场景）3 种。物联网典型业务及技术特点如图 10-1 所示。

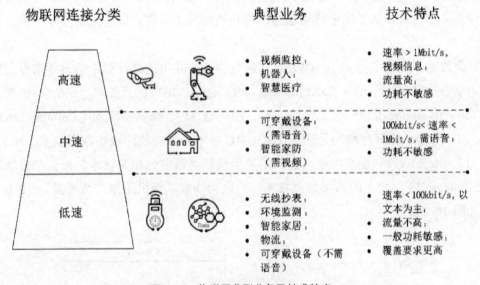

图 10-1　物联网典型业务及技术特点

物联网并不是一个全新的网络，它在现有的电信网、互联网、未来融合各种业务的下一代网络及一些行业专用网的基础上，通过添加一些新的网络能力实现所需的服务。人们可以在意识不到网络存在的情况下，随时随地通过适合的终端设备接入物联网并享受服务。

综合分析，物联网应具有以下特性。

1．可扩展性

物联网的性能应不受网络规模的影响，并可以进行适当的扩展。

2．透明性

物联网应用不依赖于特定的底层物理网络，例如，可以通过互联网接入，也可以通过蜂窝网接入。

3．一致性

物联网应用可以跨越不同的网络，具有互操作性。

4．可伸缩性

物联网应用不会因为物联网功能实体的失效导致应用性能急剧劣化，应至少可获得传统网络的性能。

10.2 授权频段物联网技术

随着智能化、大数据时代的来临，无线通信将实现万物连接，未来全球物联网连接数将是千亿级的。目前，这些连接大多通过蓝牙、Wi-Fi等短距通信技术承载，而并非运营商的移动网络。为了满足不同物联网业务需求，根据物联网业务特征和移动通信网络特点，3GPP根据窄带业务应用场景开展了增强移动通信网络功能的技术研究，以适应蓬勃发展的物联网业务需求。

授权频段物联网技术主要由3GPP制定通信协议，并由运营商和电信设备商投入建设和运营，如窄带物联网（Narrow Band Internet of Things，NB-IoT）、长期演进版本-机器类通信（Long Term Evolution-Machine to Machine，LTE-M2M）、蜂窝物联网（Cellular Internet of Things，CIoT）等。蜂窝物联网是基于2G/3G/4G技术的低功耗广域物联网技术。3GPP在其Release 12、Release 13标准中陆续加入了关于机器类通信的相关技术标准。窄带物联网是3GPP在Release 13中引入的新型蜂窝技术，可以为物联网提供无线广域覆盖。NB-IoT的发展历程如图10-2所示。

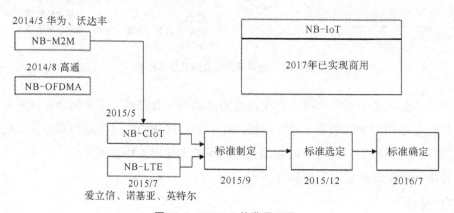

图 10-2　NB-IoT 的发展历程

10.2.1　NB-IoT 技术的性能

NB-IoT是物联网领域新兴的技术，支持低功耗设备在广域网的蜂窝数据连接。NB-IoT支持待机时间长、对网络连接要求较高设备的高效连接，同时能提供非常全面的室内蜂窝数据连接覆盖。NB-IoT主要面向大规模物联网连接应用，为了满足其广泛的使用场景，NB-IoT必须满足以下设计目标，如图10-3所示。

1. 低成本

NB-IoT具有更低的模块成本，具有广阔的市场前景。

2. 增强覆盖

NB-IoT 将提供改进的室内覆盖,在同样的频段和发射功率条件下,将获得更大的网络增益,从而具有更广的覆盖区域。

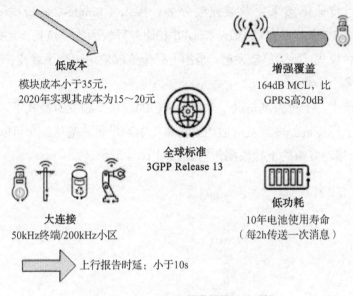

图 10-3　NB-IoT 必须满足的设计目标

3. 大连接

NB-IoT 每个小区支持超过 52500 个终端用户。NB-IoT 支持多载波操作,可以通过添加更多的 NB-IoT 载波来提升系统的连接数。

4. 低功耗

NB-IoT 旨在支持长电池使用寿命。对于具有 164dB 耦合损耗的器件,如果用户平均每天传输 200B 的数据,则可以达到 10 年的电池使用寿命。

5. 上行延时

NB-IoT 技术针对延时不敏感的应用。

除此之外,NB-IoT 只消耗大约 180kHz 的带宽,可直接部署于 GSM 网络、UMTS 网络或 LTE 网络,可以降低部署成本,实现平滑过渡。NB-IoT 的协议栈设计继承了 LTE 的协议栈格式,并根据物联网的实际需求简化了一些协议层的流程,从而减少了开销,降低了成本。NB-IoT 的上下行传输方案具有以下特性。

1. 下行传输方案

NB-IoT 的下行传输方案与 LTE 一致,采用的是正交频分多址（OFDMA）技术。下行子载波间隔固定为 15kHz,系统帧、子帧、时隙的定义和 LTE 相同,分别为 10ms、1ms 和 0.5ms,且每个时隙的 OFDM 符号数和循环前缀都与 LTE 一致。

在调制方案上,NB-IoT 与 LTE 有较大差异。因为 NB-IoT 对速率要求不高,但是对于覆盖要求比较高，因此 NB-IoT 的下行信道调制都采用了低阶的调制方案，以保证信号有较好的衍射能力。

2. 上行传输方案

NB-IoT 的上行传输仍然采用单载波频分多址接入（Single-Carrier Frequency Division Multiple Access，SC-FDMA）方式，但是和 LTE 相比差异较大的一点是，NB-IoT 引入了单频发射和多频发射两种模式。所谓单频发射，是指上行传输仅使用一个子载波；而所谓多频发射，是指上行传输使用多个子载波。

在 NB-IoT 系统中，上行调度是以子载波为单位的。在单频发射模式下，每个移动终端使用一个子载波进行上行传输。多频发射适用于高速传输的场景，基站一次可以分配 3 个、6 个或 12 个子载波用于移动终端的上行数据传输，如图 10-4 所示。

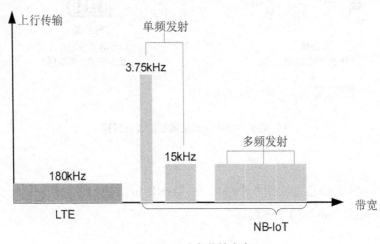

图 10-4　上行传输方案

3. 重传机制

如图 10-5 所示，重传是 NB-IoT 提升覆盖范围的另一个重要手段。重传就是多个子帧传送一个传输块。在不同场景下，NB-IoT 的上下行传输重传次数是由基站侧单独配置的，NB-IoT 最大可支持下行 2048 次重传，上行 128 次重传。

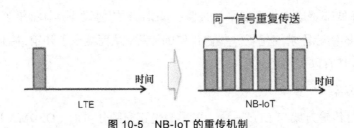

图 10-5　NB-IoT 的重传机制

10.2.2　NB-IoT 的部署

NB-IoT 单个载波的带宽为 180kHz，这种窄带宽为 NB-IoT 提供了更自由的部署方式。目前

NB-IoT 支持带内（In-band）部署、保护带（Guard Band）部署和独立（Stand Alone）部署 3 种部署方式。这 3 种部署方式的比较如表 10-1 所示。

表 10-1　　　　　　　　　　　　　NB-IoT 3 种部署方式的比较

部署方式	比较
带内部署	<ul><li>需要占用 LTE 小区的频谱资源；</li><li>不需要为 NB-IoT 提供额外的频谱资源；</li><li>需要在 NB-IoT 载波和 LTE 容量之间进行权衡</li></ul>
保护频带部署	<ul><li>不占用 LTE 小区的频谱资源；</li><li>不需要为 NB-IoT 提供额外的频谱资源</li></ul>
独立部署	<ul><li>不占用 LTE 小区的频谱资源；</li><li>需要为 NB-IoT 提供额外的频谱资源；</li><li>比较适用于 GSM 频段的重耕，GSM 的信道带宽为 200kHz，除了 NB-IoT 180kHz 带宽外，两侧还有 10kHz 的保护间隔</li></ul>

1. 带内部署

NB-IoT 采用带内部署方式时需要占用 LTE 小区的频谱资源， NB-IoT 载波个数的选择需要和 LTE 载波个数进行权衡，如图 10-6 所示。占用现有 LTE 小区的载波部署 NB-IoT 小区，对于有 LTE 频谱并且有演进扩容需求的运营商比较合适，但是它会对现有 LTE 小区的容量产生影响。另外，考虑到对 LTE 小区的干扰，NB-IoT 小区在发射功率上也会有限制。

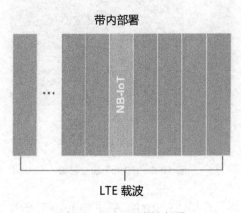

图 10-6　NB-IoT 带内部署

2. 保护带部署

NB-IoT 保护带部署如图 10-7 所示，可以利用 LTE 小区保护间隔部署 NB-IoT 小区，既不需要额外提供频谱资源，又提高了现有频谱的利用率。同样，其在发射功率方面也需要考虑对现有 LTE 小区的干扰。

3. 独立部署

独立部署即提供额外的频谱资源或者利用 GSM 频谱进行部署，对于有空闲频谱或者 GSM

覆盖比较好的运营商比较适用。采用这种方式时，小区发射功率不必受限于 LTE 小区，因此可以使用更高的发射功率以达到更好的覆盖，如图 10-8 所示。

Release 12 中定义了半双工分为 A 类型和 B 类型。在 A 类型下，终端用户在发射上行信号时，其前面一个子帧的下行信号中的最后一个 OFDM 符号不接收，用来作为保护时隙（Guard Period，GP）；而在 B 类型下，用户端在发射上行信号时，其前面的子帧和后面的子帧都不接收下行信号，可使保护时隙加长，降低了对于设备的要求，且提高了信号的可靠性。

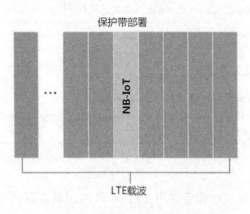

图 10-7　NB-IoT 保护带部署

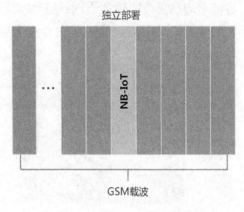

图 10-8　NB-IoT 独立部署

NB-IoT 只支持 FDD 系统，且相比于 LTE，只支持 B 类型半双工。也就是说，NB-IoT 上下行使用不同的频率，但是同一时间只能接收或者发射数据；另外，在上下行切换时，中间需要存在至少一个保护子帧，以便终端用户的传输机和接收机进行切换，以降低终端用户复杂度，达到降低成本的目的。

10.3　非授权频段物联网技术

非授权频段的物联网技术包括远距离（Long Range，LoRa）、Sigfox、Weightless、Halow

等私有技术，其大部分用于非电信领域。

10.3.1 LoRa 技术

1. LoRa 技术原理

LoRa 是一种无线通信技术，是由 LoRa 联盟建立及标准化的一种通信协议。LoRa 协议可以提供移动物联网环境下机器与机器间的低功耗广域网。与其他低功耗通信协议相比，LoRa 技术除了可以保证终端设备较低的功率消耗之外，还可以提供更广的通信覆盖范围，如图 10-9 所示，因此更能满足移动物联网的通信需求。

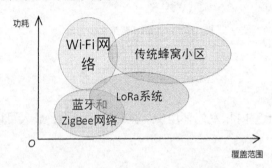

图 10-9 无线网络功耗与覆盖范围

LoRa 技术既可以应用在公共网络中，又可以应用在私有网络中，具有较好的可移植性，其工作在非授权频段的特点，也进一步增加了应用的灵活性。LoRa 技术可以很容易地加入现有网络架构中，用于物联网终端设备与网关间的低功耗无线传输。

LoRa 技术本身并不是一个完整的通信协议，其只涉及物理层的通信方案。LoRa 系统物理层和链路层的传输协议是通过 LoRaWAN 协议进行定义的。LoRaWAN 协议定义了一个基于 LoRa 技术的低功耗广域网通信协议，LoRaWAN 协议中定义了物联网终端设备与网管间通信的物理层参数。通过 LoRaWAN 协议可以将使用电池供电的低功耗物联网终端设备通过非授权无线频段接入区域、国家或全球网络。相比于移动通信网络，LoRaWAN 所定义的通信协议并不完整，其中只包含了物理层和链路层的设计，而没有网络层的定义。所以，LoRaWAN 协议只能实现从终端设备到网关的无线接入，没有漫游或组网管理的功能。

LoRa 系统实现方案由低功耗物联网无线传感器、网关、LoRaWAN 和应用服务 4 个模块组成，如图 10-10 所示。无线传感器基于 LoRaWAN 协议接入网关，网关通过有线或无线的方式接入网络服务器和应用服务器。

低功耗无线传感器是物联网的终端节点，如常见的智能水表、烟雾报警器、物流跟踪、自动贩卖机等。无线传感器采用 LoRa 调制技术，与网关之间采用了双向射频通信链路。无线传感器与网关间的通信支持 LoRaWAN 协议，适用于室内、室外环境，可以实现上下行的低功率数据传输。

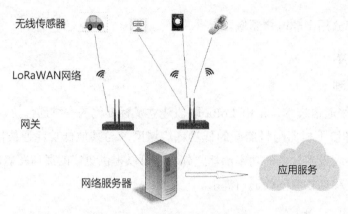

图 10-10　LoRa 系统实现方案

2. LoRa 技术的优势

（1）更远距离的覆盖

LoRa 技术可以应用于室内和室外环境中。在郊区环境下，最大可以实现 50km 范围的信号覆盖。

（2）更低的终端功率

与其他低功率通信协议相比，在相同信号覆盖范围内，LoRa 技术所需能量最小，电池使用寿命可达 10 年，电池更换成本更低。

（3）可靠的安全性

LoRa 技术采用了 AES128 加密机制，可以确保认证的完整性和保密性。

（4）通信协议的保障

LoRaWAN 协议提供了设备互操作性和全球网络接入的可行性，便于在任何地方快速部署物联网应用程序

（5）自由的地理位置

LoRa 技术支持无 GPS 跟踪下的应用，其提供了独特的低功耗优势，不受其他技术影响。

（6）移动性

LoRa 技术可为移动终端提供服务，且不需要额外的信令和功率开销。

（7）高容量

LoRa 技术支持实时的数据传输，以满足服务于大型市场的公共网络运营商的需求。

（8）低代价

LoRa 技术采用了非授权工作频段，可有效地减少基础设施投资、电池更换费用和最终运营费用。

10.3.2　LoRaWAN 协议

根据实际应用的不同，LoRaWAN 协议将终端设备划分成 3 类。

第一类又称为 Class A，为双向通信终端设备。这一类的终端设备与网关服务器可以双向通

信，并按规定的时隙完成通信。如图 10-11 所示，每一次通信都以一个上行传输作为开始，终端发射一个上行信号后，网关服务器将为其提供两个下行数据传输时间窗。每一个时间窗与前一个传输之间有一个随机的延时。Class A 所属的终端设备在应用时功耗最低，终端发射一个上行传输信号后，网关服务器能很迅速地进行下行通信，任何时候服务器的下行通信都只能在上行通信之后。

图 10-11　Class A 终端工作时隙图

第二类又称为 Class B，是具有预设接收槽的双向通信终端设备。这一类终端设备会在预设时间开放多余的接收窗口，用于下行数据的传输。在下行数据传输之前，网关发射同步信号，终端设备接收到同步信号后完成时间同步并开始接收数据，网关服务器与终端设备下行数据的传输仍然利用下行时间窗完成，在每一个时间窗之间设有随机延时的保护间隔。

第三类又称为 Class C，是具有最大接收槽的双向通信终端设备。这一类终端设备持续开放下行接收窗口，只在有上行传输请求时暂时关闭下行数据传输。与 Class A 和 Class B 设备相比，Class C 设备由于持续开放下行接收窗口，能耗最大，适用于可持续供点的终端模块，其获得的下行传输延时也更小。

LoRa 所提供的 3 种不同类型的终端设备可以满足大多数物联网终端的通信需求。例如，Class A 的终端适用于上下行数据业务需求较为近似的场景中，而 Class C 的终端则更适用于下行数据业务远大于上行数据业务的场景中。这 3 种设备在能耗上也有差别，Class A 的设备耗电量最小。

1. Class A

在 Class A 终端的下行传输中，下行窗口时长的选择将影响终端接收数据的效率和能耗。接收窗口的长度至少要让终端射频收发器有足够的时间检测到下行的前导码。如果在任何一个接收窗口中都能检测到前导码，则终端设备将继续激活射频收发器，直到整个下行帧都接收完毕为止。如果在第一个接收窗口中检测到完整的数据分组，并检测到数据已传输完毕，那么终端就不必再开启第二个接收窗口。

此外，Class A 终端两个接收时间窗口采用了不同的信道参数配置，第一个接收时间窗口中使用上行信道对应的下行信道完成传输，传输速率相同；第二个接收时间窗口中的终端与网关间采用固定信道和速率进行传输。

2. Class B

当终端以固定时间为周期，打开接收窗口时，就可以采用 Class B 用户的通信模式。Class B 用户通过让网关定期发射信标，来实现同步的下行数据接收。

在刚刚接入网络时，所有终端都是以 Class A 用户身份加入网络的。之后，终端设备可以根据自身的通信特征请求从 Class A 切换至 Class B。Class A 用户上行帧结构中包含 1bit 的 Class B 用户标识位，用于标识用户类型的切换。若该比特为"1"，则说明用户提出了请求，要求切换到 Class B 用户。在提出请求后的给定时间内，如果当前终端接收到了网络发射的信标帧，则其可以成功切换到 Class B。

在 Class B 用户的接收过程中，可能会出现接收信标丢失的情况。此时，系统允许终端设备在两小时（120 分钟）之内维持 Class B 用户的工作模式。这种临时的没有信标的 Class B 操作称为"无信标"操作，其时隙设置完全依赖设备自身时钟。设备内部时钟可能出现时间偏移，因此在无信标期间，终端设备将逐步扩大其接收时隙的宽度，以保证能较完整地接收信号。

如果终端设备在两小时内都没有再接收到信标，则意味着网络同步丢失。此时将通知用户切换回 Class A 工作模式。随后终端在上行帧控制字节中，不再将用户类型标识位设置为"1"，从而通知网络当前终端不再处于 Class B 用户模式

3. Class C

Class C 的终端通常应用于供电充足的场景，因此不必精简接收时间，可以持续地接收信号。Class C 的终端采用和 Class A 一样的两个接收窗口。但由于 Class C 终端有充足的供电，在第一个接收窗口关闭后，终端会再次打开第二个接收窗口，并持续接收下行消息。Class C 终端的上下行帧仍采用和 Class A 相同的结构。

10.4 本章小结

物联网已在各个方面改变着人们的生活。本章结合无线通信技术，重点介绍了移动物联网中的关键技术的特点及通信协议，包括以 NB-IoT 为代表的授权频段物联网技术，以及以 LoRa 为代表的非授权频段物联网技术。这些技术在未来物联网的应用中将发挥巨大的作用。

10.5 课后习题

1. 选择题

（1）下列属于授权频段物联网技术的是（　　　）。

　　A. LoRa　　　　　　B. Sigfox　　　　　　C. NB-IoT　　　　　　D. Weightless

（2）NB-IoT 的下行传输方案采用了（　　）方式。

　　A. OFDMA　　　　　B. CDMA　　　　　　C. TDMA　　　　　　D. SC-FDMA

（3）如果一个物联网的终端设备对通信的实时性要求较高，并能提供持续的供电，那么它

属于（　　）终端。

    A．Class A   B．Class B   C．Class C   D．Class A 或 Class B

2．简答题

（1）请简述 NB-IoT 技术的特点。

（2）结合实际，谈谈物联网对自己生活方式的改变。